U0364969

【江城科普读库】

武汉市科学技术协会资助项目

身边的农作物

汪 波／著

武汉出版社

(鄂)新登字 08 号

图书在版编目(CIP)数据

身边的农作物 / 汪波著. — 武汉：武汉出版社，2019. 9
ISBN 978 - 7 - 5582 - 3192 - 6

Ⅰ. ①身…　Ⅱ. ①汪…　Ⅲ. ①作物 - 普及读物　Ⅳ. ①S5 - 49

中国版本图书馆 CIP 数据核字(2019)第 200841 号

著　　者:汪　波
责任编辑:刘从康　王　俊
装帧设计:沈力夫
督　　印:方　雷　代　湧
出　　版:武汉出版社
社　　址:武汉市江岸区兴业路 136 号　　邮　　编:430014
电　　话:(027)85606403　85600625
http://www.whcbs.com　　E-mail:zbs@whcbs.com
印　　刷:武汉市金港彩印有限公司　　经　　销:新华书店
开　　本:787 mm×1092 mm　1/32
印　　张:5.25　　字　　数:105 千字
版　　次:2019 年 9 月第 1 版　　2019 年 9 月第 1 次印刷
定　　价:38.00 元

目录

自序

第一篇 “湖广熟，天下足”

第二篇 乡愁的滋味

第三篇 湖北地理标志农产品

自序

2016年，受吴雪老师邀请，我给十几名初中生做了一场关于“作物科学家”的职业分享讲座。讲座过程中，我讲了一些周末陪着儿子玩的事情后，一位小朋友突然问我：“叔叔，你们家还要儿子吗？我想到你们家当儿子，我爸爸从来都不带我到外面玩。”当时，我又好笑又震惊。学业与身心健康，孰重孰轻，好像并不是每个父母都能够准确判断。很多父母可能会认为带着孩子出去玩是在浪费时间，耽误学业吧。可是，只要稍加留心就会发现，我们所学的书本知识都和大自然有着千丝万缕的联系。无论是通过电子产品还是书本获取知识，都无法取代真实的自然体验，与大自然建立连结（我没有写错字，就是这个词）。实体的教室空间是有限的，而大自然这个教室却是无限的。大自然教育提倡者哈蒙曼曾说过，“户外教室的墙可以随幼儿的兴趣、意愿无限拓展，户外教室的天空可以随着时间及季节改变”。走进自然、接触自然、体验自然、热爱自然、保护自然，是自然教育应有的自然历程。

美国人理查德·洛夫提出了自然缺失症（nature-deficit disorder）的概念。正如我们所见到的，如果没有学业的困扰，许多孩子都会沉湎于电子游戏中无法自拔。人类本就是自然的产物，可城市化进程的加快，让我们对自然的感知能力越来越弱。在陪儿子参加的活动中，我见到过一些五感几乎关闭的孩子，那种状态让人无比痛心。孩子们不认识身边的植物和动物，不知道它们的作用，有的甚至不知道食物从何而来。和自然的割裂，会使孩子对自然缺乏基本的尊重。人类对于植物的利用，开始只是限于采集的方式；以渔猎的方式获得肉食，其后人类才将生活方式由采集、渔猎转向了农业生产。人类从食物采集者转变为食物生产者，这无疑是人类文明进程中的大事件。人类对农作物的驯化是农业文明的根基。没有人类停下来固定在某个地方种植农作物，人类就不可能有充足的食物来源，没有充足的食物来源；人类就不可能停止迁徙，不停止迁徙。哪来的城市，哪来的现代文明？了解食物，尤其是农作物本身，会加深我们与自然的连结。

因为儿子的原因，我接触了各个不同领域的人，生活的圈子一步一步发生着变化。儿子在四周岁时调换了幼儿园，通过好友华中师范大学新闻传播学陈科博士的介绍，我把儿子送到天地博愿卡迪亚幼儿园，由此结识了天地博愿幼教机构的创始人曹小丹先生，逐渐打开了我专心育儿的大门。因为机缘巧合，结识了阅读推广人、父亲教育合伙人刘骥先生。随着我们日常交流的增多，很多想法在交流和碰撞中不断升华。最终，我们一起成立了父亲联盟，致力于父亲亲子教育的推广，我在其中负责自然板块。为了能更好开展工作，我通过“在行”约见了徐莉女士，她不仅耐心帮我指导、分析幼儿自然教育可以以何种形式开展，如何去设计课程，还把我拉进了各种自然教育相关的群。然后，通过武汉大学新闻与传播学院纪莉教授，我又结识了陶旭东老师，之后我们便成了朋友，我被他带着观鸟识鱼，我依然还记得在鄱阳湖上偶遇江豚的激动。在 2016 年的全国自然教育论坛上，我又结识了拉图尔的创始人王辰风先生，跟他一起探讨儿童教育和自然教育的种种问题，尽管之后交集甚少，但是对他做出的各种努力和尝试都深表敬佩。在曹小丹先生创办的自然基地，我还结识了谦益农业的创始人李明攀先生，这个当年华中科技大学的天才少年，身上有着一股自然的魔力。他所从事的有机农业事业，是让我这个从事农业研究的高校教师相当汗颜的。当然，还有儿子所在的武汉市格鲁伯自然学校曾经的校长老丢，虽然未曾有过深入的交流，但是，其人其事，总在朋友圈和各种群里面流传着。这里，还不得不提武汉市格鲁伯自然学校的老师们，他们为孩子们的自然课堂做了大量的探索工作，为孩子们设计了不同层次的自然课程。我看到了他们所做出的不懈努力！是他们，让孩子们跟自然紧密联系在一起，从自然中吸取灵气，学会自由成长。

就是这些人，让我对自然教育有了更深的了解和热爱。一次偶然的机会，我结识了武汉出版社的刘从康老师，而刘老师居然仅凭这一次的相识和之后在微信上的交流，就跟我约书稿，只能说刘老师真的是“胆大妄为”。有人如此信任，当真是怠慢不得。而从事科普创作，也是我访学回国后一直想做的事情，尽管科研方向上的调整让我时间和精力都受到限制，但科普却是我一直心有戚戚焉的事情。

我一直以为，本土化才是自然教育的根本出路，我们不能让自然教育脱离本土的生境。我见过很多的人，他们，包括我自己年轻的时候，对于成长的地方知之甚少。认识自己成长的地方、成长的环境，了解并认同本土文化，是人成长过程中不应该缺少的环节。开展本土化的自然教育，可以很好地将本土环境、本土文化、本土历史融入其中，让孩子们得到最好的滋养。

在跟儿子一起挑选图书的过程中，我发现自然教育相关科普图书良莠不齐，针对青少年的精品图书更是少之又少。这些年，我常感慨于出版业的繁荣，尽管实体书店倒闭的情况时有发生，但是图书的种类却是“盛况空前”——任何一个门类，我们都可以找得到大量的出版物。然而，对于孩子，我们的出版还是显得过于吝啬了。听说很多中小学校都在开发校本课程，这是非常可喜的事情，可是关于本土教育的书籍还是寥寥可数。

我的专业是农学，经常会有朋友询问关于农业和“吃”的问题，如何吃到健康安全的农产品，是每一个人都在关心的问题。其实，食农教育是自然教育的重要组成部分。在关心吃的问题上，我们似乎需要先关心更多的问题，比如食物到底来自哪里？我们的身边有哪些著名的农产品？这些农产品又有着怎样的故事？我们了解每一种农作物，不仅可以知道它的生物学特征和特性，透过它的起源、传播、种植和生产，我们还可以了解到历史、文化、文学、艺术、政治、经济等相关学科的知识。一些农作物，往往可以勾连起众多的学科。当然，湖北省的本土特色农产品非常多，如何取舍，也让人费尽心思。最后，没有按照任何的标准和规范，我仅凭自己的熟悉程度和个人喜好，选取了其中十多种加以介绍，以飨读者。

最后，要再次感谢刘从康老师的信任。我简单列了一个提纲，刘从康老师就说期待书稿。真的是感谢刘老师的不断督促，不然，我断不会鼓起勇气做这样的事情。科研和教学任务的繁重经常会让我想打退堂鼓，这里也特别感谢武汉大学的“杜爷”杜巍博士在微信朋友圈一次看似漫不经心的回复：“你不开始，你永远不知道自己能写。”

在这里还要特别感谢硕士研究生王云鹤同学、本科生胡英哲同学和闫家宇同学帮忙收集相关资料，也特别感谢华中农业大学园林学院洪勇辉老师帮忙绘制了二十多幅精美的图片，感谢傅强老师、杨鹏老师、陶旭东老师、李科学老师、袁金展老师等提供相关图片，图片均已注明拍摄者。未注明拍摄者的图片均来自全景网，我们购买了版权，特此说明。

时间仓促，加之水平有限，书中错误在所难免，希望大小读者们都能够海涵。

第一篇 “湖广熟，天下足”

两湖地区自古有“鱼米之乡”的说法。明朝于武昌设湖广承宣布政使司，也简称“湖广”“湖广行省”“湖广省”，辖湖北、湖南和河南小部分。清朝设湖广总督，辖湖南、湖北。“湖广熟，天下足”的说法，一般认为首见于明代弘治年间（1488—1505）何孟春辑录旧作成《余冬序录》一书，其中《送大参曹公之任湖藩序》一篇写道：“今两畿外，郡县分隶于十三省，而湖藩辖府十四、州十七、县一百四。其地视诸省为最巨。其郡县赋额，视江南、西诸郡所入，差不及，而‘湖广熟，天下足’之谣，天下信之，地盖有余利也。”明朝末年的著作《地图综要》内卷也有记录：“楚故泽国，耕稔甚饶。一岁再获柴桑，吴越多仰给焉。谚曰‘湖广熟，天下足’。”如今，我们依然会引用这个谚语来说明湖北、湖南在我国历史中的重要地位，直到新中国成立后，江汉平原在很长一段时间里是我国重要的商品粮基地。尽管这一说法的准确性及适用的时间范围依然还有很多专家学者在进一步考证，但是它在很大程度上也说明了湖北在我国农业历史上作出过重要贡献。

“湖广熟，天下足”的说法主要是针对粮食生产，对于湖北而言，主要就是指水稻。但在这一篇章里，我们不限于水稻的介绍，而是将我省种植面积较大的几个大宗作物如水稻、棉花、油菜等都集中叙述。

“五谷”正解

关于五谷，我们最熟悉的恐怕就是出现在《论语·微子篇》中的“四体不勤，五谷不分”。现在我们常用这样的话来形容那些不懂得农事生产的人，也用来变相形容一个人懒惰。若按这个标准，恐怕现代人中懂得农事生产的就寥寥无几了，也会多出来很多“懒人”。

关于“五谷”，古代有多种不同的说法，最主要的有两种：一种指稻、黍、稷、麦、菽；另一种指麻、黍、稷、麦、菽。两者的

绘图：洪勇辉

区别是：前者有稻无麻，后者有麻无稻。

以下列举几个主要的出处和注释：

1.《周礼·天官·疾医》："以五味、五谷、五药养其病。"郑玄注："五谷，麻、黍、稷、麦、豆也。"

2.《孟子·滕文公上》："树艺五谷，五谷熟而民人育。"赵岐注："五谷谓稻、黍、稷、麦、菽也。"

3.《楚辞·大招》："五谷六仞。"王逸注："五谷，稻、稷、麦、豆、麻也。"

4.《素问·藏气法时论》："五谷为养。"王冰注："谓粳米、小豆、麦、大豆、黄黍也。"

由于古人对文献的解读不一致，今人也只能从众多的古代典籍和考古发现中去辨析。关于这方面的文献繁多，专家们各自引经据典，说法不一。目前主流的观点认为"五谷"是指稻（水稻、大米）、黍（shǔ，黄米）、稷（jì，又称粟、小米）、麦（小麦）、菽（shū，大豆）。稻、麦、菽三种农作物我们相对比较了解，比较容易混淆的是黍和稷（粟）。

在开始后面的叙述之前，我们先来了解植物分类的基本概念。植物分类学是个非常系统的基础学科，是人类认知自然界的重要成果。它不仅是要识别植物、鉴定植物的名称，而且还要弄清楚植物之间的亲缘关系（也就是说要弄清楚谁和谁是亲戚，谁可能是谁的祖先之类）。进一步的，就是要去弄清楚这些植物最初是从哪里来的，在哪些地方的分布最为集中，有着怎么样的演变过程等等。一般地，我们希望的是能认识植物，并且去了解它们，达到这样的要求就可以了。然而，这也并不是一件十分容易的事情，因为世界上迄今为止发现的植物有 30 多万种，要认全，几乎没有可能。认识植物，是为了更好地与它们相处，更好地爱惜它们，因为即便是我们身边随处可见的野草，每一株都有属于它的名字。我们没有必要为了不认识旅行时遇到的奇花异草而懊恼，也没有必要为了不知道哪种植物的用途而遗憾。叫不上名字，我们一样可以爱护它们。

人类对植物的分类，经历了好几个阶段。首先是人为分类法，明朝李时珍编撰的《本草纲目》就是人为分类的典范之作，书中李时珍将 1195 种植物分成草部、谷部、菜部、果部和木部，每部又分成若干类别。其次是自然分类法，这一方法发端于欧洲，最著名的人物是“分类学之父”林奈，他首次使用了拉丁文的双名法给植物命名，即植物的“属名 + 种名”，达尔文的《物种起源》发表后，这一方法又有了优化。最后是系统发育分类法，达尔文的进化论提出后，科技也在不断进步，植物学家们对植物进行分类时开始考虑植物之间的亲缘关系。现在的植物学教材中，都是用的系统发育分类法，而且还在不断完善和修订。

一般来说，要彻底分清一种植物，较完整的层级是这样的：

门 Divisio（Phylum）

纲 Classis（Class）

目 Ordo（Order）

科 Familia（Family）

族 Tribus（Tribe）

属 Genus（Genus）

组 Sectio（Section）

系 Series（Series）

种 Species（Species）

亚种 Subspecies（Subspecies）

变种 Varietas（Variety）

变型 Forma（Form）

然而，我们不需要了解到如此详尽。科、属、种是我们认识植物会用到的三个基本层级。很多“种”植物构成“属”，多个“属”构成“科”。以我们后面要提到的水稻为例，水稻里面的亚洲栽培稻（*Oryza sativa* L.）、非洲栽培稻（*Oryza glaberrima* Stend.）和很多野生稻等“种”一起构成了稻属。稻属（*Oryza*）、小麦属（*Triticum*，小麦所在的属）、玉蜀黍属（*Zea*，玉米所在的属）、芦苇属(*Phragmites*，芦苇所在的属）等 620 多个属构成了禾本科（Gramineae）。用植物学的语言描述我国种植的水稻应该是这样的：禾本科（Gramineae）稻属（*Oryza*）的亚洲栽培稻（又称普通栽培稻，*Oryza sativa* L.），这里的 *Oryza* 是属，*sativa* 是种加词，L. 是指的命名人林奈。

亚洲栽培稻

中文名：亚洲栽培稻

英文名：rice

拉丁名：*Oryza sativa* L.

科名：禾本科 Gramineae

属名：稻属 *Oryza*

别名：谷、禾

稻属的主要栽培种：亚洲栽培稻（普通栽培稻）和非洲栽培稻

湖北武穴栽培的粳稻（摄影：汪波）

主要特征

普通栽培稻是一年生水生草本，一般都种植在水田中，茎秆直立，高度为 0.5~1.5 米，不同品种间差别较大。其叶片为线状披针形，表面粗糙，最靠近穗子的一片叶形似一把宝剑，被称为剑叶，叶鞘紧紧包裹着茎秆。稻穗为圆锥花序，成熟后向下弯曲、低垂，所以我们常会用“沉甸甸”这样的词语来形容它。倘若到了成熟的时候不低头，那么很可能是因为结实太少。颖壳上有芒或者无芒，遍布细毛或无毛，颖果长 5 毫米，去壳后即为糙米，进一步加工才能成为我们食用的大米（精米）。

主要利用价值

水稻所结子实即稻谷，稻谷脱去颖壳后称糙米，糙米碾去米糠层即可得到大米。世界上 1/3 以上的人口，都以大米为食。水稻除可食用外，还可以酿酒、制糖、做工业原料，稻壳、稻秆可以作为饲料。

起源地

水稻的发源地是中国，野生稻最早在长江中下游地区驯化为粳稻，之后随着史前的交通路线传到印度，通过与野生稻的杂交在恒河流域转变为籼稻，最后再传回中国南方。换句话说，水稻起源于中国，在中国这个“原始中心”和印度这个“次生中心”同时得到发扬。

稻 水稻应该是中国人乃至亚洲人最熟悉的农作物，即便是在很多以小麦为主食的地区，一碗白米饭也是很多人心中标准的正餐主食。1974年在罗马召开的第一次世界粮食会议上，一些专家认为中国无法养活10亿人口；1995年美国学者布朗在其书籍《谁来养活中国？》中，再度表达了对中国粮食供给的担忧。接下来的故事我们应该都知道了，以袁隆平为代表的科学家们，用我们自身的科技实力向全世界证明了中国人是可以养活中国人的。当然，这里面水稻的贡献居功至伟。但是，我们同时也不能忘记，在改革开放后的四十多年时间里，除了水稻，我国的小麦、玉米等主要粮食作物的产量也都节节攀升，这都归功于一大批科学家的不懈努力。光是杂交水稻育种的研究，除了袁隆平，还有颜龙安、李必湖、朱英国、谢华安、石明松等等一大批值得我们记住的名字。

我国目前栽培的水稻主要是亚洲栽培稻，也叫普通栽培稻。如今已经公认中国是普通栽培稻的起源中心，我国在很多地方的考古中都发现了碳化的稻谷。比较著名的是1973年在浙江余姚境内的河姆渡遗址中，发现新石器时代原始社会人家的粮库里储藏有120吨的稻谷。经碳14测定，这批稻谷距今约7000年，籼稻、粳稻都有，且属人工栽培。而最近的一次考古发现是在2010年，在浙江省中部的永康市发现湖西遗址，考古学家们经过两年多的调查，在这里发现了相当数量的，距今9000年前的碳化稻谷以及水稻小穗轴（稻谷下面那个细细的梗），而后者是区别野生水稻和驯化水稻的重要依据。当然，考古发现只是一方面的重要证据，另外还需要更多的生物学证据来证明。关于水稻的起源，一直是学术界争论不休的问题。

如今，已经有越来越多的生物学研究证明了中国才是普通栽培稻的正宗起源地。2011 年，斯坦福大学、纽约大学、圣路易丝华盛顿大学、普渡大学的联合研究成果证明了一个更为公认的观点：野生稻米在 12000 年前开始种植，而驯化发生在 10000 年前的中国长江流域。2018 年，《自然》杂志（*Nature*）上发表了中国科学家主导的论文则进一步证实了这个观点，还罕见地将“籼”和“粳”两个汉字放在了这本顶级英文期刊中。以这样的方式昭告天下——中国是水稻起源地，这是让每个中国人都无比自豪的事情。

普通小麦

中文名：普通小麦

英文名：common wheat

拉丁名：*Triticum aestivum* L.

科名：禾本科 Gramineae

属名：小麦属 *Triticum*

别名：空空麦、浮小麦、麦子、麸麦

小麦属的主要栽培种：栽培一粒小麦、提莫菲维小麦、栽培二粒小麦、普通小麦

快要进入成熟期的小麦（摄影：杨鹏）

主要特征

普通小麦为一年生或二年生草本，高 60~100 厘米，茎秆直立，一般成熟时有 6~9 节。小麦的叶片为长披针形，叶鞘和叶面光滑无毛，最靠近麦穗的一片叶像一面迎风飘扬的旗帜，被称为旗叶。穗状花序直立，成熟时也基本保持直立状态。并不是每一朵花都会着生麦芒，芒一般为小花的外稃中央延伸而成，二十四节气中的芒种就与这个有关。小麦的果实为颖果，加工时去掉表面麸皮，即可磨成面粉。

主要利用价值

小麦富含淀粉、蛋白质、脂肪、矿物质、硫胺素、核黄素、烟酸及维生素 A 等。因品种和环境条件不同，营养成分的差别较大。从蛋白质的含量看，生长在大陆性干旱气候区的麦粒质硬而透明，含蛋白质较高，达 14%~20%，面筋强而有弹性，适宜烤面包；生于潮湿条件下的麦粒含蛋白质 8%~10%，麦粒软，面筋差，适宜于做蛋糕。面粉除供人类食用外，仅少量用来生产淀粉、酒精、面筋等，加工后的副产品均为牲畜的优质饲料。

起源地

小麦起源于西亚，早在公元前 7000 年—前 6000 年，在土耳其、伊朗、巴勒斯坦、伊拉克、叙利亚、以色列就已广泛栽培小麦。公元前 6000 年在巴基斯坦，公元前 6000 年—前 5000 年在欧洲的希腊和西班牙，公元前5000年—前4000年在前苏联的外高加索和土库曼，公元前4000年在非洲的埃及，公元前3000年在印度，公元前2000年在中国，都已先后种植小麦。中国的小麦是由黄河中游逐渐扩展到长江以南各地，并传入朝鲜、日本。公元15世纪至17世纪间，欧洲殖民者将小麦传播至南、北美洲。18世纪，小麦传播到大洋洲。

麦一般认为是小麦，而现在我们在国内的农田能看到的小麦，准确的名称是普通小麦。小麦实际上指代的是小麦属植物的统称，包括二倍体、四倍体和六倍体种，一共有二十多种，普通小麦是六倍体种。

小麦是世界上总产量占第二位的粮食(仅次于玉米)。一般认为小麦起源于中东的新月沃土区。“新月沃土”是指中东两河流域及附近一连串肥沃的土地，包括累范特、美索不达米亚和古埃及，位于今日的以色列、约旦河西岸、黎巴嫩、约旦部分地区、叙利亚以及伊拉克和土耳其的东南部、埃及东北部。由于在地图上好像一弯新月，所以美国芝加哥大学的考古学家詹姆士·亨利·布雷斯特德（James Henry Breasted）把这一大片肥美的土地称为“新月沃土”。

据考古学家研究，大约在1万年前，人类就开始把野生的小麦当作食物。发现中国小麦的最早遗址是在我国新疆的孔雀河流域，研究人员在楼兰的小河墓地发现了4000年前的碳化小麦。而国内其他地区出土的小麦，最早是在3000多年前的商中期或晚期。但是，

正在开花的小麦（摄影：汪波）

快要到成熟期的小麦（摄影：杨鹏）

小麦在我国内地普及种植应该是在汉代以后。其中，最为关键的一个推动因素就是战国时期发明的石转盘在汉代得到推广，使小麦可以磨成面粉。小麦主要在北方种植，在南方的种植发展得益于南宋时期北方人大量南迁，对南方麦需求大量增加。小麦在我国主要产于河南、山东、江苏、河北、湖北、安徽等省，以冬小麦为主。小麦在中国种植区域广泛，从南到北、从平原到山区，几乎所有农区无不栽培小麦。中国小麦的种植面积和总产量仅次于水稻，居中国粮食作物第二位。小麦是中国北方人民的主食，自古就是滋养人体的重要食物。面粉可以被用来做成面包、面条、馒头、蛋糕、饼干……不胜枚举，它已经是我们的日常生活不可或缺的食物来源。

大豆

中文名：大豆

英文名：soybean

拉丁名：*Glycine max* (Linn.) Merr.

科名：豆科 Leguminosae

属名：大豆属 *Glycine*

别名：毛豆、黄大豆、豆子、黄豆

大豆（摄影：李科学）

主要特征

大豆也被称为黄豆，是豆科大豆属一年生草本，高 30~90 厘米。大豆茎秆直立，成熟时木质化程度较高，坚韧，茎秆上密被褐色长硬毛。叶片为典型的三出复叶，即一片叶上长有三片小叶。花序为总状花序，花朵因酷似蝴蝶而被称为“蝴蝶花”，这也是大多豆科植物的主要特征之一。大豆的荚果肥大，外被长毛，成熟时下垂，豆荚开始为绿色或黄绿色，成熟时逐渐脱水变黄。每个豆荚有 2~5 颗种子，种皮光滑，幼嫩时为肾形或椭圆形，逐渐变为球形。种皮的颜色有淡绿、黄、褐和黑色等多种，所以当你见到黑色大豆时也不要觉得惊奇。

主要利用价值

大豆营养全面，蛋白质含量丰富且质量好，其蛋白质的含量比猪肉高 2 倍，是鸡蛋含量的 2.5 倍。大豆蛋白质的氨基酸组成和动物蛋白质近似，所以容易被消化吸收，是一种理想的营养品。在肉食无法满足的地区，可以用大豆来补充人体对蛋白质的需求。大豆粕是大豆用低温（40℃ ~60℃）浸提法提取油脂后的残粕副产品，呈粗粉状。因没有受到高温影响，大豆的抗胰蛋白酶、脲酶、血球凝集素、皂素、甲状腺肿诱发因子等不会被破坏。大豆粕是使用最广、用量最多的植物性蛋白质原料。含油量丰富的大豆品种可以用来榨油，大豆油也是我国乃至世界的主要食用油之一。

起源地

原产中国，中国各地均有栽培，亦广泛栽培于世界各地。大豆是中国重要粮食作物之一，已有5000年栽培历史，古称菽，中国东北为主产区。

菽即大豆，也称黄豆，今天的中国人，几乎都离不开这种植物。豆浆、豆汁这些饮品，豆腐、豆干这些豆制品，大豆油、酱油这些调料，当然还有人们超级喜爱的辣条，都来自于它。天赋了得的曹植的《七步诗》“煮豆燃豆萁，豆在釜中泣”，应该是我们最熟悉的关于大豆的诗句。关于大豆更早的记述，则是《诗经·大雅·生民》中的“蓺之荏菽，荏菽旆旆”。在《史记·周本纪》中也记录着：后稷幼年做游戏时“好种树麻菽，麻菽美”。考古学家和生物学家都认为大豆在我国至少有5000年的栽培历史，而其驯化过程则比这个时间要长得多。国际上学界公认大豆起源于中国，但是在我国的具体起源地点，则存在多个起源中心假说，包括东北起源中心、黄淮（华北）起源中心、南方起源中心和多起源中心等，都有一定的证据支撑。要最终确定起源中心，需要更多的生物学和考古学证据。世界其他国家的大豆，都是直接或间接从我国传播去的。公元前3世纪大豆由我国传入朝鲜，公元6世纪传至日本。约在300年前，大豆传入菲律宾、印度尼西亚。欧美认识大豆则在18世纪以后。

一般情况下，成熟的大豆种子含有20%左右的油、36%左右的

大豆（摄影：李科学）

蛋白质和 30% 左右的碳水化合物。这样的成分赋予了大豆无与伦比的特性，它不仅是蛋白质的重要来源，也是食用油的重要来源。长

对于中国人来说豆腐才是大豆主要的食用方式
（绘图：洪勇辉）

久以来，我们和东亚邻邦都用大豆来制作豆腐和其他豆制品，并不用来榨油。即便在 18 世纪初，大豆传入欧洲，随后被带到美国，大豆一直都不是制作食物的主要原料。欧洲人主要是用大豆作为饲料，而美国人则是种植大豆来改良土壤，生产出来的大豆被送去榨油厂，榨出来的油也没有作为食用油，而是用作了工业原料。随着工业的发展和人口的增长，人们对于大豆油和蛋白质的需求与日俱增，美国逐渐成为新的世界大豆种植中心。直到抗日战争爆发前，我国的

大豆种植面积和产量都是世界第一，而如今，则是排在世界第四位，产量远远落后于位于前三的美国、巴西和阿根廷。我国每年需要进口数千万吨大豆，来弥补我国食用油和动物饲料的缺口，这是目前国家和科学家们都在想办法解决的问题。

黍

中文名：黍

英文名：broomcorn

拉丁名：*Panicum miliaceum* L.

科名：禾本科 Gramineae

属名：黍属 *Panicum*

别名：糜子、黄米

黍（摄影：袁金展）

主要特征

一年生草本植物，茎秆直立，每个节上密被柔毛。植株整体像是缩小版的高粱，尤其是穗子，很像是散开的高粱穗子，只是型号要小一些。黍和稷最明显的区别就是它们的穗子了，虽然都是圆锥花序，但是黍的穗子是散开的，籽粒比较稀疏，而稷的穗子则很紧凑，籽粒也很密集。黍的种子比稷大，俗称黄米，而稷则被称为小米。

主要利用价值

黍主要用来酿酒，制作糕点。一般分为两种，一种是糯性强的，被称为硬糜子；一种是粳性强的，被称为软糜子。

起源地

原产于我国北方，为古老粮食和酿造作物，列为五谷之一，至今已有 3000 多年的栽培历史。在我国北方干旱地区分布较广，河北、山西、陕西北部、内蒙古、宁夏、甘肃及东北北部地区均有栽培。

稷

中文名：稷

英文名：millet

拉丁名：*Setaria italica* var. germanica (Mill.) Schred.

科名：禾本科 Gramineae

属名：狗尾草属 *Setaria*

别名：小米、谷子

稷（粟）

主要特征

稷为禾本科一年生草本，植株茎秆粗壮、直立，高 40~120 厘米。叶片线形成线状披针形。一般叶片边缘比较粗糙，摸上去会有一点割手的感觉。圆锥花絮，但因品种不同，有些开展，有些则比较紧密，看上去很像它的祖先——狗尾草。种子外面的稃片也因品种不同而有黄、乳白、褐、红和黑等色。

主要利用价值

稷又称粟，生长耐旱，品种繁多，俗称“粟有五彩”，有白、红、黄、黑、橙、紫各种颜色的小米，也有黏性小米。人类最早的栽培谷物之一，谷粒富含淀粉，供食用或酿酒，秆叶可为牲畜饲料。由于长期栽培选育，品种繁多，大体分为黏或不黏两类。

起源地

我国西北、华北、西南、东北、华南及华东等地山区都有栽培，新疆偶见有野生状的。亚洲、欧洲、美洲、非洲等温暖地区都有栽培。

黍和稷（粟）

之所以把这两个作物放在一起，是因为人们经常会把它们弄混淆，而且在很长一段时间内，学界为到底“谁是谁”的问题争论不休。因为，在很多古代典籍中，对这两个作物的注释经常出现混淆。其实，黍和稷都是《诗经》中出现频率较高的植物种类，最为后世熟知的应该是《诗经·王风·黍离》：“彼黍离离，彼稷之苗。行迈靡靡，中心摇摇。知我者，谓我心忧；不知我者，谓我何求。悠悠苍天，此何人哉！”实际上，我们的祖先在造字的时候，就已经把这两种植物区分得非常清楚了。黍的甲骨文是 [甲骨文]，而粟的甲骨文则是 [甲骨文]（甲骨文中的禾即为粟），将两种植物的形态特征惟妙惟肖地展现在我们面前。从植物学特征上来说，黍是开展的圆锥花序，而粟则是圆柱状或者纺锤状的圆锥花序。如今我们可以明确，“黍”在植物分类上属禾本科的黍属，栽培黍的学名是*Panicum miliaceum* L.。“粟”在植物分类上属禾本科的狗尾草属，栽培粟的学名是*Setaria italica*。而狗尾草或者狗尾草属的杂草，被公认为是粟的祖先。

黍去壳，就是黄米；稷（粟）就是小米。这两种农作物尤其是小米耐旱能力较强，是我国西北和东北最重要的杂粮作物之一。稷在相当长的历史时期里，成为了最重要的粮食。古代以“社稷”指代国家，如《左传·僖公三十三年》：“服于有礼，社稷之卫也。”社为土地之神，稷为谷神。这些足以说明稷在中国古代曾经发挥过无比重要的作用。

《三字经》中有“稻粱菽，麦黍稷。此六谷，人所食”。实际上，

沉甸甸的小米穗子

我们所吃的主要谷类作物，又何止五六种呢？随着社会经济和农业生产的发展，五谷的概念也在不断演变，“五谷”成为粮食作物的泛称，现在我们也常用“五谷杂粮”来指代除了大宗粮食作物以外的杂粮作物。

水稻

——“稻”亦有道

稻

插秧和收割的回忆

城市出生的孩子对于农民的印象，最开始应该都来自于李绅的诗："锄禾日当午，汗滴禾下土。谁知盘中餐，粒粒皆辛苦。"给禾苗拔草，可能是没有经历过农事操作的人能想象到的最繁重的体力活儿。而对于我而言，农耕活动里，最累的莫过于人工插秧了。弯着腰在田间，一人一次也就十行左右，从水田的一头开始，慢慢地向另一头移动。插秧的时候，低头从胯下看过去，感觉准备插秧的水田一眼望不到边。大人们会经常拿这个来说事儿，以此来考验帮忙插秧的小朋友们的耐心和斗志。我已记不清是什么时候开始帮家里干些力所能及的农活了，但是插秧带来的身体和心理上的煎熬却让我永生难忘，更别提还时常会有蚂蟥来骚扰。上小学的时候我的很多老师都是民办教师，上学期间的农忙时节，学校还会专门放"农忙假"，让大家都有时间去务农，弄得我们根本就逃脱不了干农活儿。这个时候，小伙伴们都会觉得还是上学好。

如果一定要说一件比插秧更让人难忘的事情，那就一定是在"双抢"的季节插秧了（湖北很多地方水稻都是种植两季，一季早稻加一季晚稻。早稻收获后，为了赶时间，马上要赶种晚稻。既要抢着收获，又要抢着种植，所以叫"双抢"）。7 月下旬，是湖北省一年中最热的时节，为了避开高温，每天凌晨四五点就要下地干活，到八九点收工休息；下午四五点再下地干活，到天快黑时收工。即便如此，也一定都是热得汗流浃背，从田里起来后，身上的衣服脱下来就可以拧出汗水。那个时候，几乎每年都会听说有人因为干活中

正在体验插秧的华中农业大学学生（摄影：汪波）

暑的消息，甚至偶尔会有因为中暑身亡的不幸，农民的艰辛可见一斑。

直到上高中，可能是身心都变得成熟了，我才对插秧这件事情不那么排斥。尤其是在早稻插秧的时节，早上起来下田，气温也不高。等父亲和母亲把秧苗扯好挑到田里，一家人开始插秧，布谷鸟的叫声“布谷，布谷……”从远处的山林中传来，在田间插秧的我居然觉得有些陶醉……记忆中最后一次帮家里插秧，是在大二那年的暑假，结果插完秧回到学校我就发了高烧，病了3天，之后父母就不要我再帮着家里干农活了。

所有的农活里面，我最喜欢的是收割水稻——谁不想体验丰收的喜悦呢？尽管那个时候也都是人工用镰刀收获，但是收获的速度要比插秧快太多了。金灿灿的水稻被割倒，铺在田中，暴晒几天后打成捆，然后父亲和母亲会将打好捆的稻谷挑到稻场上，挑选合适的时间进行脱粒。

现在，随着社会的发展和科技的进步，农业机械化程度不断提高，无论是插秧还是收获，都可以使用机械替代人力了。农民再也不用撅着屁股在田里插秧，种植和收获也终于都变得轻松。

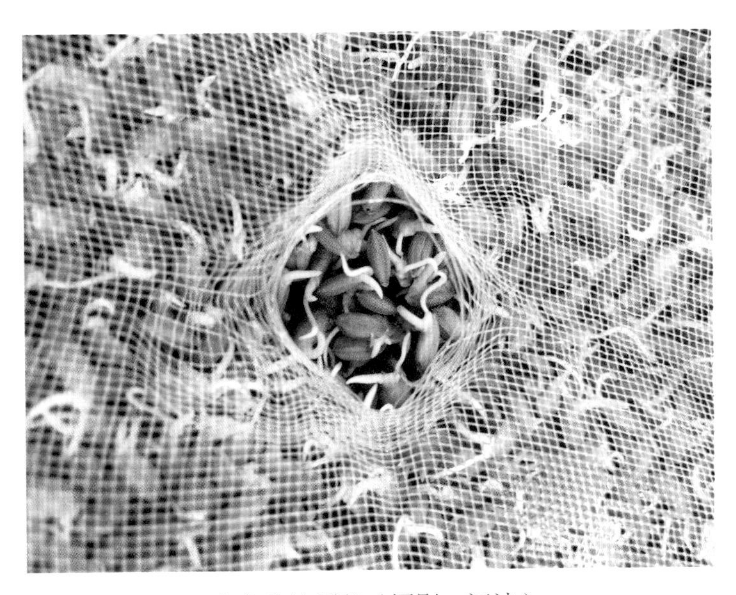

正在发芽的稻谷（摄影：汪波）

栽培水稻的起源

2018 年 4 月 25 日，有两个汉字出现在了 *Nature* 杂志的一篇论文中，这两个汉字就是“籼”和“粳”，是水稻的两个亚种。汉字登上世界顶级英文学术期刊，是非常罕见的事情。这从一个侧面充

粳稻的谷粒短而宽厚

分反映出我国科技实力的上升以及影响力的增强，是非常值得骄傲的事情。（这篇论文背后的项目是“3000株水稻基因组计划”，该项目由中国农业科学院作物科学研究所主持。在中国的领导下，来自全世界的16家科研机构通过对3010份亚洲栽培稻基因组变异研究发现，很多籼稻品种携带的等位基因没有出现在粳稻品种中，该结果更支持籼稻是独立进化来的假说。）

关于水稻起源与进化的研究，一直就没有中断，而关于水稻起源地的争议也一直没有中断。有研究者曾评论说：没有别的作物，比水稻更适合作为作物起源争论的范例了。若干年前，中国人在水稻的起源进化方面的研究是少有话语权的。以至于尽管中国是水稻的重要起源地，但在很长的时间里面，普通栽培稻的两个亚种“籼”和“粳”的拉丁文名字分别被冠以 indica 和 japonica 之名（分别指代印度和日本）。然而今天，我们终于可以自豪地将籼稻和粳稻写

故乡的稻田（摄影：汪波）

成 *Oryza sativa* subsp. hsien Ting 和 *Oryza sativa* subsp. keng Ting，其中 hsien 和 keng 分别指代“籼”和“粳”（这个字目前在字典里念 jīng，但是已经有众多的科学家一起提议改念 gěng），而 Ting 则代表我国最早为籼稻和粳稻定名的伟大科学家——丁颖。

我们都知道袁隆平是“杂交水稻之父”，但鲜有人知道丁颖是“中国稻作科学之父”。作为农学家，丁颖创造了许多第一：世界上第一个通过杂交把野生稻抵抗恶劣环境的基因转移到栽培稻，培育出世界上第一株“千粒穗”水稻类型；第一个系统科学地论证了中国水稻的起源和演变，从对稻种起源演变、稻种分类、稻作区域划分等理论研究，到农家品种系统选育及栽培技术等应用技术，他都取得了卓越成就。他的研究和 170 多篇论文著作，使他成为中国稻作学的主要奠基人，被誉为“中国稻作科学之父”。丁颖将我国栽培稻进行系统分类为四类型：1. 籼亚种和粳亚种；2. 晚稻和早稻；3. 水稻和陆稻；4. 粘稻和糯稻。这一分类系统一直沿用至今。

我国水稻的分布

作为世界第二大粮食作物，水稻的全球年总产量高达 7 亿吨以上。而稻谷是我国第一大粮食作物，播种面积最大、总产最多，在粮食生产和消费中历来处于主导地位。在过去 30 年中，稻谷种植面积占我国粮食种植总面积的 25% 左右，稻谷产量约占粮食总产量的 40%。全国有约 65% 的人口以大米为主食，水稻在国家粮食安全中的地位举足轻重。

水稻在我国分布很广，除了个别高寒或干旱地区以外，从南边的海南岛到北边的黑龙江呼玛县，从东部的台湾到西部的新疆都有分布。水稻的分布广而不均，南方多而集中，北方少而分散。此外，大米加工业布局相对集中，主要在东北地区和长江中下游地区，主要分布在黑龙江、江西和湖北 3 个省份。

湖北水稻的地位

根据相关统计数据，湖北省的水稻种植面积有 3000 多万亩，位列全国第六，总产量位列全国第五，而大米加工业则位列全国首位。今天我们不能再以“湖广熟，天下足”自居，但是这些数据也充分说明了湖北水稻在全国依然有着举足轻重的地位。江汉平原是我国

湖北武穴金黄的稻田（摄影：汪波）

曾经的九大商品粮基地之一，为全国的粮食供应做出过重要贡献。

湖北兼有南北过渡和东西交叉双重气候特点，由此造就了丰富而独特的稻米产品。湖北省入选国家地理标志产品的大米包括：法泗大米（江夏）、章田寺大米（公安县）、仙女大米（枝江市）、竹溪贡米（十堰市）、孝昌太子米（孝感市）、京山桥米（京山县）、钟祥大米（钟祥市）等，其中京山桥米是湖北省第一个粮油地理标志产品。

稻花香里说丰年

尽管几乎每一个中国人都吃过大米，但是估计不会有多少人注意稻花。即使有宋代词人辛弃疾的“稻花香里说丰年，听取蛙声一片”的提示，一般我们也不会关注到水稻开花。因为水稻的花没有花瓣，

正在开花的水稻

徜徉在水稻田埂是让人惬意的事情（摄影：汪波）

两个颖壳片里面包裹着雄蕊、柱头和浆片。水稻的开花，其实就是雄蕊从颖壳里伸出来，这一点，不从事农业工作的人，还真不会注意。

如今，有多少人会真正愿意漫步在水稻田埂上，去闻闻那若有若无的水稻清香呢？但是水稻开花的习性，和“丰年”还真的是有着莫大的关系。因为水稻开花授粉的最佳温度是 30℃左右，如果气温低于 20℃或者高于 40℃，水稻的授粉就会受到严重的影响，最终影响水稻的产量。从这一点上来讲，能闻到稻花香，说明水稻能正常开花散粉，丰收也就有指望了。

棉花

——从美洲舶来的纺织纤维

中文名：陆地棉

英文名：cotton

拉丁名：*Gossypium hirsutum* Linn.

科名：锦葵科 Malvaceae

属名：棉属 *Gossypium*

别名：墨西哥棉、美洲棉、美棉、高地棉、改良棉、大陆棉

棉花（摄影：汪波）

主要特征

棉花（陆地棉）一般为一年生草本，但是茎秆木质化程度很高。叶片阔卵形，一般具3个浅裂，少数品种为5裂。花朵单生于叶腋，初开时为白色，而后变为淡红色或紫色。花谢后结出绿色的蒴果，我们称之为“棉铃”或“棉桃”，棉铃成熟后逐渐脱水开裂，白色的纤维露出来，称之为“吐絮”，棉花的种子就藏在白色纤维里面。

主要利用价值

棉花是世界上最主要的农作物之一，产量大、生产成本低，使棉制品价格比较低廉。棉纤维能制成多种规格的织物，从轻盈透明的巴里纱到厚实的帆布和厚平绒，适于制作各类衣服、家具布和工业用布。棉织物坚牢耐磨，能够洗涤和在高温下熨烫，棉布由于吸湿和脱湿快速而使穿着舒适。“棉花全身都是宝。”它既是最重要的纤维作物，又是重要的油料作物（种子可榨油），也是含高蛋白的粮食作物，还是纺织、精细化工原料和重要的战略物资。同时棉花还是一种重要的蜜源植物，棉花也可以作插花花材使用。

起源地

墨西哥（中美洲），19世纪末叶始传入我国栽培。

关于棉被的记忆

冬天最幸福的事情，就是在艳阳天，将棉被拿出去晒太阳，晚上盖上晒过的棉被，满是令人幸福的太阳味道。

小的时候，每年棉花收花后，总会有走街串巷的棉花手艺人到各个村子为村民弹制棉被。尤其是要嫁女儿的人家，更是会精心地多准备几床棉被，不想女儿在出嫁时显得寒碜，仿佛这些都是女儿将来能过上幸福生活的保障。

母亲隔几年就会种植一点棉花，用新收获的棉花做成棉被，更换之前用旧的。直到我参加工作，母亲仍习惯盖棉被，也总是想方设法弄新的棉被给我们。母亲去世前，还帮我们准备了好几床崭新的棉被，重量不等，并仔细用薄纱布将棉被包裹一层，缝好。如今，我和家人们用了轻薄的羽绒被后就不愿意再盖厚重的棉被了，但是母亲为我们准备的棉被并没有丢弃，我将它们铺在了床垫上作为垫絮，冬天睡上去，温暖而舒适。

高颜值但让人费心的农作物

棉花是锦葵科棉属植物，如果大家对花卉熟悉的话，就会发现，很多颜值很高的花卉都来自于锦葵科，比如说木槿、木芙蓉、蜀葵等等。棉花的花朵也让人赏心悦目，但是花期却很短，一般都是在上午开花，到第二天就会变色，大约三五天后便枯萎凋谢。一般陆地棉初开花时是白色或者淡黄色（不同栽培种的棉花花朵颜色有区别），而后变成淡紫色或紫红色。就整个棉株而言，开花期会持续

吐絮的棉花（摄影：汪波）

很长时间。在长江流域棉区，从出现第一朵花，到最后一朵花凋谢，有差不多两个月的时间。而西北内陆棉区，则开花相对集中。但是我们所说的棉花，利用的并不是它植物学意义上的花，而是它的果实成熟裂开后从里面“吐”出来的白色纤维，这些洁白的精灵附着在棉花种子的表面，包裹着种子。棉花的纤维是种子纤维，是从种皮细胞发育而来，每一根纤维最初都是一个细胞。棉花吐絮后，洁白的棉铃配上绿绿的枝条，也非常养眼。

棉花拥有如此高的颜值，却是个难伺候的主。从播种到第一个棉铃吐絮，大概要经历 4 个月的时间，而从播种到最终拔秆收获，则要经历 6 个多月。如此漫长的生长周期，也使得棉田的管理工作多样而繁重。很多地区，为了抢农时，需要进行育苗移栽。集中育苗能够保证棉花种子在相对适宜的环境中出苗，而且能够提前播种，延长棉花的有效开花时间，提高产量。早期的育苗工作要用到营养

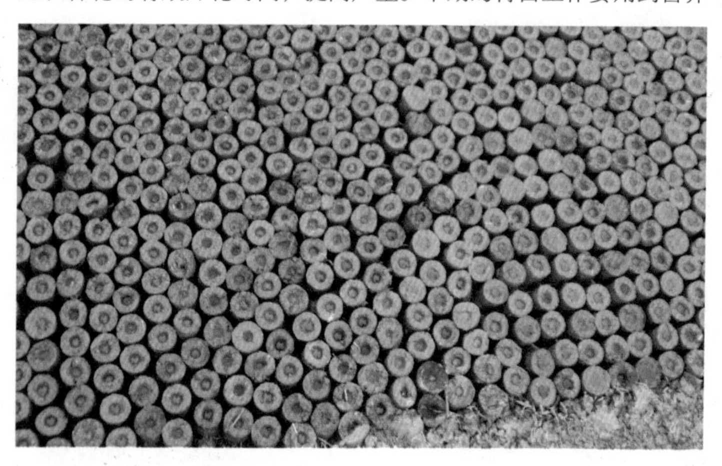

已经制好的营养钵（摄影：汪波）

棉花当天开放的花朵（左）和第二天的花朵（右）（摄影：汪波）

钵，需要用专门的制钵器进行制备。且不说从移栽到吐絮期间的追肥、打药等管理工作，光是收花这一项，就需要消耗大量的人力。由于棉花开花经历时间长，吐絮持续的时间也很长，棉花的收花工作，可以从 8 月份一直持续到 10 月份。即便是能统一成熟，那也需要很多的劳力。

因此，我国目前棉花逐渐往适宜于实现机械化的新疆发展，将棉农从繁重的农事工作中解脱出来。

棉花的传播历史

要说清棉花在我国的传播历史，首先我们需要明确一点，那就是我们所说的棉花，其实并不是一个物种，而是锦葵科棉属植物的

手工采摘棉花

统称。它包含 4 个最重要的栽培种：陆地棉、海岛棉、草棉（非洲棉）、中棉（亚洲棉）。目前，在世界范围内，种植最广泛的是陆地棉。

棉花没有传入之前，在中国，富贵者的衣服主要原材料是丝，平民百姓的衣服则以麻、葛为主。相比较于很多农作物，《诗经》中没有关于棉花的记载。

最早传入我国的是非洲棉，大约于公元 3 世纪前后传入我国新疆。唐代姚思廉所著的《梁书》记载西北高昌："多草木，草实如茧，茧中丝如细纩，名为白叠子，国人多取织以为布。布甚软白，交市用焉。”高昌即今日的新疆吐鲁番，白叠子就是一年生的非洲棉。据推测，非洲棉可能在唐朝时就已经通过河西走廊传到黄河流域了。不过在唐朝，棉布还是稀有珍贵之物，杜甫曾写下“细软青丝履，光明白氎巾”的诗句。到了元朝，由于元世祖忽必烈“奖励农桑”的政策，推动了非洲棉的种植。公元1273年，元朝颁布《农桑辑要》一书，内有“苎麻本南方之物，木棉亦西域所产。近岁以来，苎麻艺于河南，木棉种于陕右，滋茂繁盛，与本土无异，二方之民，深荷其利”。

亚洲棉花起源于印度河流域，被欧洲人形象地称为“植物中的羔羊”。西汉时，亚洲棉经海南岛传至气候温暖的广东、广西和福建南部等地，直到宋代才推广到长江流域。到了元朝，亚洲棉已在长江流域广为种植了。“黄婆婆，黄婆婆，教我纱，教我布，两只筒子两匹布。”这首民谣中的“黄婆婆”，就是中国棉纺织发展历史中的重量级人物黄道婆。亚洲棉经海南向北传到长江流域后不久，海南较为先进的棉纺织技术也传了过来，而黄道婆起着关键性的作用。元朝至元二十六年（1289年），朝廷在浙东、江东、江西、湖广、福建分别设置了专门机构——木棉提举司，提倡植棉，并每年征收棉布10万匹。到了明朝初年，明太祖朱元璋以法令的形式强行推广种植棉花：“凡民田五亩至十亩者，栽桑、麻、木棉各半亩，十亩以上倍之。”植棉成为国家战略。

陆地棉起源于墨西哥，大约于17世纪初从墨西哥引入美国南部。19世纪，美国种植的棉花大量销往英国。19世纪末，工业革命使英国生产了过量的棉织品，他们把目光投向了古老的中国。以打开中

新疆的棉田

国商品市场为主要目的的鸦片战争爆发后，中国的历史进程从此改变。就是在这个时期，陆地棉从美国传入我国。最早的记载是 1865 年，一位英国商人首次在上海试种陆地棉。其后，湖广总督张之洞分别于 1892 年和 1893 年，从美国购进陆地棉种，在湖北多地试种。到 1915 年，我国利用引进的陆地棉育成多个品种。经过数十年的改良，到新中国成立时，陆地棉已成为广受欢迎的棉花种类，亚洲棉和非洲棉逐渐退出历史舞台。

海岛棉因其纤维长、强度高，适合于纺高支纱，于 1939 年引入我国试种。但其适应性较差、产量较低、加工成本偏高，目前仅在新疆的一些地方种植，总量仅占中国棉花总产量的 1% 左右，其余的 99% 均为陆地棉。

棉花在湖北

据考证，湖北省最早引进棉花大约在12世纪后期至13世纪初。宋末元初，胡三省在为《资治通鉴》作注时写道："木棉江南多有之。"《本草纲目》中也有记载："此种出南番，宋末始入江南……"如前所述，元朝至元二十六年（1289年），朝廷在浙东、江东、江西、湖广、福建分别设置了专门机构——木棉提举司，管理棉花种植及征赋棉花棉布。可见，当时包括湖北在内的长江流域各省的棉花生产已经具备相当的规模。据《大明典》记述，万历元年（1573年）湖广实征棉花5万斤，约占当年全国棉花的1/20。此后，湖北棉花发展迅速。清末，湖广总督张之洞从美国购进陆地棉试种，首开中国官厅引种棉花之先河。到新中国成立的前30年，湖北省年均种植棉花超过600万亩，最高的年份其种植面积占到全国的1/3。新中国成立后，湖北省常年棉花种植面积超过800万亩，总产量占到全国的12%。此外，湖北省早在100多年前就先后建立了织布局和纺纱局，棉纺工业发展较快，曾经是全国重要的商品棉生产基地。

近几年，随着劳动力成本的不断攀升，在国际棉花市场激烈竞争的压力下，我国棉花生产逐渐向西部优势地区（主要是新疆）转移。湖北省棉花种植面积逐年萎缩，这也是科技和社会共同发展的结果。

油菜
——阳春白雪还是下里巴人

中文名：甘蓝型油菜

英文名：Rapeseed

拉丁名：*Brassica napus* L.

科名：十字花科 Cruciferae

属名：芸薹属 *Brassica*

别名：油白菜、苦菜、欧洲油菜

油菜（摄影：傅强）

主要特征

甘蓝型油菜为一年生草本。株高与栽培方式、地理环境、土壤肥力水平和品种有着密切关系。叶片互生，基生叶和茎生叶差异大。基生叶为长柄叶，大头羽状分裂，顶生裂片圆形或卵形。下部茎生叶一般为短柄叶，羽状半裂，基部扩展；上部茎生叶为无柄叶，基部抱茎，两侧有垂耳结构。油菜为总状无限花序，着生在主茎或分枝顶端，一般花为黄色（也有专门为观花选育的粉色、橙色或紫色品种），花瓣 4 个呈十字形，花期约 1 个月。果实为长条形角果，尖端有长度为 9~24 毫米的果喙。种子为球形，一般是紫褐色，也有黄色的。

主要利用价值

油菜的主要功能是榨油，菜籽油的品质是所有植物食用油中的翘楚。榨油剩下的油菜饼粕，既可以用来做肥料，也可以用作饲料。油菜的花期长，是极佳的旅游观光植物，同时也是良好的蜜源植物。油菜植株本身粗蛋白含量丰富，也是很好的鲜食饲料及青贮饲料原料。

起源地

亚洲是芸薹和白菜型油菜的起源中心，欧洲地中海地区是甘蓝型油菜的起源中心。芥菜型油菜是多源发生的，中国是其原产地之一。中国和印度都是油菜最古老的种植地。

油菜是南方地区唯一的越冬油料作物（摄影：汪波）

油菜往事

每年的3月份，是我国南方地区油菜花盛开的季节。很多赏花人，大概已经忘记了油菜本来的用途——它是我国长江以南地区唯一一种越冬的油料作物，也是我国种植面积最大的油料作物，常年种植面积在1亿亩左右。若干年前，几乎在湖北省的任何一个地方，我们都可以看到油菜。小时候，故乡附近几乎每个村都有大面积的油菜花田。每年的三四月份，我都喜欢爬上故乡的后山，站在山顶看着金黄的油菜花海包围住整个村庄。可惜那个时候我没有相机，更没有方便携带的智能手机，没能够留下珍贵的影像。现在，由于种植

油菜花（摄影：汪波）

油菜效益不佳，越来越多的农村人口外出务工，农民打工一天挣的钱都可以买好几亩地的油菜了，因此村里的土地已经少有种植油菜。要想看大面积的油菜花海，只能到蔡甸、荆门、沙洋、黄冈这些地方，甚至要到外省去。

如今，越来越多的地方采取直播的方式种植油菜，而在我小的时候，油菜基本都是移栽的。每年的 10 月中旬，会有两天的“农忙假”，让学生专门回家帮忙移栽油菜。移栽之前，父亲和母亲会在厢面上整齐地挖好一个个小坑，然后将从苗床上挖出来的油菜苗，放入坑里面。我再拿着小锄头，将油菜根埋进土里，让油菜直立起来。等全部移栽完成以后，父亲会用腐熟的粪水浇灌每一棵油菜，既能保证菜苗存活，又能给苗期的油菜提供充足的养分。

菜籽收获后的开榨季节，父亲都会去榨油厂帮忙，炒制菜籽、操作机械。我最喜欢的事情，就是到榨油厂送饭。还未进门，炒熟的菜籽香和刚出榨的油香混合在一起，沁入鼻腔，令人陶醉。每次父亲都担心我的安全，不让我在那里待很久，经常是接过饭就催促我回家。但是我贪恋那无比浓郁的油香，看见父亲和大家一起将剔透金黄的液体分装到各家自备的容器中，更是久久不愿离开。

低调的菜籽油

油菜是我国最重要的油料作物之一，它的主要用途是榨油，而菜籽油在 2002 年以前一直是我国第一大食用油。随着大豆油和棕榈油的进口，我国菜籽油的用量才降到第三位。然而，这并不能掩盖

油菜花海

油菜种子

菜籽油是最好的大宗食用油这一事实。

曾经，古老的油菜品种生产出来的菜籽油中含有一种叫做芥酸的物质，一般认为这种物质会引起心肌脂肪沉积而使心脏受损；还有一种叫做硫苷的物质，也被认为对健康不利。因此，我们把以前的老油菜品种称之为“双高油菜”。随着我国油菜育种水平的不断提升，现在我们使用的油菜品种基本都是“双低油菜”，也就是说芥酸和硫苷的含量都极少。

菜籽油是世界卫生组织推荐的健康油种之一，为什么呢？我们先来看看油脂的主要成分——脂肪酸的组成，它决定着油的品质。脂肪酸由饱和脂肪酸、单不饱和脂肪酸（油酸等）和多不饱和脂肪酸（亚油酸、亚麻酸等）组成。饱和脂肪酸容易凝固，从而导致高血压和动脉粥样硬化，还会导致血胆固醇上升；而不饱和脂肪酸中的油酸是最容易被人体吸收利用的脂肪酸，亚油酸则是导致血胆固醇下降的主要脂肪酸，亚麻酸则是 EPA（俗称血管清道夫）和 DHA（俗称脑黄金）的前体物质。相关科学数据显示，在所有的食用油中，菜籽油的饱和脂肪酸含量是最低的，远低于棕榈油、大豆油、花生油、棉籽油，也低于橄榄油、葵花籽油和茶籽油。菜籽油中油酸和亚麻酸的含量都很高，其中油酸的含量仅次于橄榄油和茶籽油，但橄榄油和茶籽油中亚麻酸含量很少；菜籽油的亚麻酸含量则仅次于亚麻籽油（胡麻油），但亚麻籽油中的油酸含量偏低。也就是说，菜籽油饱和脂肪酸含量最低，油酸含量高，还有合理的亚油酸和亚麻酸，加之菜籽油中含有丰富的植物甾醇、维生素和多种脂质活性成分，可以说菜籽油真的是“最健康的食用植物油”。

油菜到底是哪个型

自然界对人类总是慷慨的，地球上进化出这么多的植物来与我们相伴，我们怎能不对大自然感恩呢？在各科植物中，十字花科的植物给人类的恩赐真的是太多了。十字花科，因为花瓣排成一个“十”字而得名。十字花科蔬菜众多，结球甘蓝（包菜）、花椰菜、中国白菜（小白菜）、北京白菜（大白菜）、萝卜……都来自这一科。十字花科的观赏植物也不少，我们最耳熟能详的应该是紫罗兰了，还有春天在花坛经常可以看到的二月兰（诸葛菜），中国人爱吃的野菜——地菜（荠菜）也是十字花科的，还有大名鼎鼎的板蓝根（菘

油菜花瓣为十字形（摄影：汪波）

蓝的根）也是十字花科，当然，也少不了从事生物学研究的模式植物——拟南芥。

油菜是十字花科芸薹属的，跟前面提到的棉花一样，其实也是一类植物的统称。我们通常把油菜栽培种分为 3 个类型：白菜型油菜、芥菜型油菜和甘蓝型油菜。目前，我国种植面积最大的是甘蓝型油菜，起源于欧洲地中海地区，所以通常也被称为欧洲油菜。

我国栽培油菜历史悠久，《夏小正》有“正月采芸，二月荣芸”的记载，芸即后世所栽培的白菜型油菜，这是关于白菜型油菜最早的记载。公元前 239 年的《吕氏春秋》载“菜之美者，阳华之芸”也说明了我国油菜种植历史很长。关于我国文化遗址中出土油菜籽的报道不多，从陕西省西安半坡出土的属于新石器时代的原始社会文化遗址里，发现原始人类放在陶罐中的碳化菜籽，经中国科学院植物研究所鉴定认为是属于芥菜或白菜一类的种子，经同位素碳 -14 测定表明距今有 6000~7000 年。另据报道，从长沙马王堆一号汉墓中出土的 2000 年以前的植物种子中，也有芥菜籽。

不过，以上这些油菜都不是我们今天大面积种植的甘蓝型油菜。甘蓝型油菜于 20 世纪 40 年代和 50 年代分别从英国和意大利引入到中国的四川和陕西。此后，拉开了我国油菜大面积种植和科学研究的大幕。

油菜田里的“袁隆平”

要说油菜，一定绕不开这位已经 80 岁的学者——中国工程院院士傅廷栋教授。为什么要写傅廷栋院士？因为他是我实实在在接触到的大科学家，从我上大学知道了这位大科学家开始，就持续不断听到有关他的事迹和新闻。最为重要的原因是，我经常见到傅院士在田间工作的场景。即便今年已经 80 岁了，他依然坚持穿着工作服、挎着书包，下地干活，还不断有新的油菜品种问世。

波里马雄性不育发现纪念碑（摄影：汪波）

我们都知道袁隆平，因为他发现了水稻不育株，这一发现对于杂交稻的选育有着重大的历史意义。但是我们可能不知道，傅廷栋院士发现了油菜里的不育系——波里马细胞质雄性不育。在此之前，我国的甘蓝型油菜品种都是“双高品种”——高硫苷和高芥酸，而我国很多地方的人都以菜籽油为食用油，这两种物质含量不降低的话将大大损害人们的身体健康。好在波里马细胞质雄性不育发现以后，大大加速了我国乃至全世界油菜品种的选育进程。到 20 世纪 90 年代以后，我国的传统油菜品种逐渐被“双低油菜”品种替代，如今，我国绝大部分地区都在种植双低油菜了。

20 世纪 60 年代末以来，国外先后在十字花科植物中发现了多种类型的细胞质雄性不育，但是由于这些不育类型难以找到恢复系或者不育性不稳定，因而无法直接用于生产。1972 年 3 月 20 日，对傅廷栋来说，在油菜种植史上，都意义非凡。那是一个春天的早晨，傅廷栋吃过饭，像往常一样下了油菜试验田，东找找、西看看。就在那一天，他发现了 19 株“波里马细胞质雄性不育型”油菜，这是国际上第一个有实用价值的油菜雄性不育类型。傅廷栋没有将这个成果雪藏，而是将它公布于世。1973 年 7 月，傅廷栋在武汉全国油菜科技协作会议上介绍了发现“波里马细胞质雄性不育型”等情况。会后，他与刘后利教授一起把波里马不育株自由授粉的种子赠送给全国近 10 个省的同行。1976 年湖南省农业科学院利用这一材料首次实现“三系”配套。1981 年他又把“波里马细胞质雄性不育型”油菜赠送给澳大利亚同行。至此，“波里马细胞质雄性不育型”逐步传播到世界各油菜生产国。从此，油菜种植的历史被改写了。在世界上杂交油菜应用于生产的第一个 10 年 (1985—1994 年)，国内外育成的油菜“三系”杂种中，有大约 80% 的杂交种是用傅廷栋首次发现的“波里马细胞质雄性不育型”育成的。1991 年 7 月，4 年一度的全世界油菜科学家盛会——第八届国际油菜大会在加拿大 Saskatoon 召开，近 50 个国家和地区的 680 多位代表出席。7 月 10 日晚上，国际油菜研究咨询委员会（GCIRC，巴黎）专门为傅廷栋个人举行隆重的颁奖仪式，授予他世界油菜科学界最高荣誉——“杰出科学家”奖章和证书，以表彰他“在发现波里马雄性不育及发展国际杂交油菜方面作出的卓越贡献”。德国 Robbelen 教授代表 GCIRC 致词说：“中国傅廷栋教授是继加拿大 Stefansson 教授 1987 年第一次获奖后，世界上第二位获此殊荣的油菜科学家。他发现和建立了世界上第一个有实用价值的油菜雄性不育系统，为直接利用油菜杂种优势铺平了道路……欧洲人毫无保留地将这归功于中国人。”傅廷栋是当之无愧的“世界杂交油菜之父”，他对中国乃至世界油菜生产作出的贡献还远不止于此。

已经 80 岁高龄的傅廷栋院士依然活跃在田间地头和科学研究上，从没有停止前进的步伐。如今，他将油菜的多功能利用开发提上日程，正在为油菜的未来作出更多的贡献。

全能型选手油菜

说到用途，油菜绝对是标准的全能型选手，榨油只是它的基本功能。油菜薹还是口感极佳的蔬菜，研究表明油菜薹作蔬菜食用，香甜可口、营养丰富，含有大量的胡萝卜素、维生素等，其含糖量在 9%~12% 之间。而且油菜薹正好在春节前后上市，可以缓解春节前后的菜品供应压力。当然，油菜花期长，一般可以持续 1 个月左右，也是重要的旅游资源。全国有江西婺源、青海门源、云南罗平、贵州安顺、江苏兴化、广西阳朔等著名油菜花海，油菜花开时，满眼金黄，蔚为壮观。近几年湖北的钟祥、荆门、黄冈、蔡甸等多个地方，每年油菜花开时，也都举办油菜花节，吸引了很多游客前往。油菜还是我国四大蜜源作物之一，我国有 60% 的蜂蜜来自于油菜花。油菜茎叶粗蛋白含量高达 20%，可以媲美豆科牧草，而且鲜草产量高，适口性好，是非常优质的饲料来源，既可以鲜食喂牛羊，又可以制

油菜花

成青贮饲料。必要时，油菜也可以作为绿肥来肥田。近两年，华中农业大学还有学者将甘蓝型油菜和菘蓝杂交，获得了具有一定抗炎功效的油菜新类型。

傅廷栋院士总结说，油菜是一花七用——油用、菜用、观花用、蜜用、饲用、（绿）肥用、保健用。

第二篇
乡愁的滋味

民以食为天，吃是人生永恒的主题。食物，总是能激发出我们无数的美好情感。对于我而言，关于故乡的记忆，许多都和吃有关。尽管我成长在一个物资相对匮乏的年代，而且又是在比较偏僻的农村，但是现在回想起来，故乡总是和美食联系在一起。这些美味不是山珍海味，不是高档美食，它们都来自自然的馈赠——要么是父辈种在农田的作物，要么是生长在乡野的植物。

马蹄

——甘蔗马蹄露，儿时的记忆

中文名：荸荠

英文名：Common Spikesege

拉丁名：*Heleocharis dulcis* (Burm. f.) Trin.

科名：莎草科 Cyperaceae

属名：荸荠属 *Heleocharis*

别名：马蹄

生长中的马蹄（摄影：汪波）

主要特征

荸荠有细长的匍匐根状茎，在匍匐根状茎的顶端生块茎，又称马蹄。其茎秆丛生，直立、圆柱形、中空、有横膈膜，表面光滑。叶片退化，只在秆的基部有 2~3 个叶鞘，鞘近膜质，易脱落。穗状花序顶生，淡绿色，很不起眼。果实为长约 2.5 毫米的小坚果，双凸镜形。

主要利用价值

荸荠皮色紫黑，肉色洁白，味甜多汁，清脆可口，既可作水果生吃，又可作蔬菜食用，这是荸荠的主要用途。还可以加工成罐头、荸荠果肉饮料等，适于远销。荸荠球茎富含淀粉，也可用来提取淀粉，用于冲调食用、改善某些挤压膨化食品的冲调性、作为食用黏合剂等方面；也供药用，开胃解毒，消宿食，健肠胃。

起源地

起源于中国和印度，在我国已有 2000 余年的栽培历史。目前，荸荠广泛栽培于我国长江流域及以南各省，在朝鲜、日本、越南、印度、澳大利亚和美国亦有栽培。

马蹄田里的游戏

每次见到马蹄，想起来的都是母亲和家乡的味道。每年的冬天，母亲都会用从田里挖起来的新鲜马蹄，洗净后配上甘蔗、冰糖，用文火，在土灶里熬出汤色红润的甘蔗马蹄露，盯着我和妹妹一定要喝完一大碗，并且要求我们马蹄要连着皮一起吃下去。母亲说，这样可以预防感冒。

每年，父亲和母亲都会留下几分地，在晚稻移栽时节，种上马蹄。稀稀地种在田里的马蹄，随着地下根茎的扩张，两个多月后就会变成满田的绿色。马蹄的叶片中腔空空，并且长着白色的横膈膜，拿手一摁，就会噼啪作响。我和小伙伴们对这个游戏乐此不疲，儿时的快乐，就是如此简单而纯粹。到了冬天，排干水后的马蹄田逐渐干涸，马蹄的地上茎叶也逐渐枯黄，这里就成为了孩子们的乐园。我们会在铺满马蹄枯黄茎叶的田里打滚、嬉戏，直到整个田的茎叶全部被压倒。有时候，疯玩过了头，难免身上粘上泥巴，回家会被父母责骂，但是依然不能浇灭第二年去滚马蹄田的热情。

挖起来的乡愁

每年的春节，住在城里的亲戚回乡拜年，只要天气晴好，总少不了一个重要的环节——到田里挖马蹄。爸妈忙着招呼客人，我就会充当向导和帮手，去田里帮忙挖马蹄。马蹄一般都是长在耕层的中下部，所以，挖马蹄时必须要特别小心。最好的工具是钉齿耙，

故乡的马蹄田（摄影：汪波）

绘图：洪勇辉

如果是用铁锹，则不能一下子铲到底，否则很可能就会将地里的马蹄铲破。挖起来的马蹄，红红的外皮裹着泥巴，那是大自然最好的馈赠。回到家，打上一桶井水，将马蹄清洗干净，削去外皮，里面就是白白的马蹄“果肉”，咬上一口，清脆香甜。

翌年开春，早稻插秧前，翻耕后的马蹄田里会灌上水“泡田”，这是农民需要完成的重要步骤，也为孩子们带来了另外一种乐趣。随着气温的回升，漏在地里没有被挖出来的马蹄，会悄悄发芽。等它的叶片露出水面，顺着幼嫩的马蹄苗往泥巴里探，就会摸到圆溜溜的马蹄。要是遇到个头大的马蹄，内心会一阵狂喜。取出马蹄，清洗干净，剥了皮，咬上一口，那种甜是与冬前大量收获的马蹄完全不同的。

如今，我也成了城里人，终于可以理解当初亲戚们回乡挖马蹄时的心情——有过农村生活体验的祖辈带着在城里长大的后辈，回到故乡，去田里挖马蹄，是在寻找儿时的故乡记忆，是在消解内心的满满乡愁。

古怪的荸荠

荸荠这种植物，长江中下游以南的小伙伴可能都见过，而北方的孩子就没那么熟悉了。马蹄的学名是荸（bí）荠（qi），是一种莎(suō)草科、荸荠属的植物。四川话管荸荠叫“蒲青儿”，跟我的家乡话发音比较接近，如果你是黄陂人，一定懂我在说什么。荸荠这种多年生的草本植物，会在水田里长出狭长的细叶；而我们吃的荸荠，其实是它膨大的地下茎（球茎）。

荸荠古称凫(fú)茈（cí），《后汉书·刘玄传》中记载：“人庶群入野泽，掘凫茈而食之。”耿直的宋代诗人郑獬曾写过一首诗《采凫茨》：“朝携一筐出，暮携一筐归。十指欲流血，且急眼前饥。官仓岂无粟，粒粒藏珠玑。一粒不出仓，仓中群鼠肥。” 反映了人民生活的疾苦，对造成民不聊生的社会现实进行了无情的指责。凫茈这一名称最终演变为荸荠，除了有古汉字发音的问题，应该也有将植物学名称弄错的可能，因为“茈”指的是紫草科紫草属的一种草，与荸荠相去甚远。由于植物种类繁多，我们如今也没有办法理解古人为何将这两种植物混在一起，有可能我国古代的植物分类学就是这样操作的，今天用现代的植物分类学方式当然无法作出合理的解释。至于说马蹄与荸荠这两个现代发音差异如此之大的词为何会扯上关系，这两个名字之间到底发生了怎样的故事，是一篇长长的学术论文都无法讲清楚的。

黄豆

——黄陂豆丝，清晨的马达声

浸泡发胀的黄豆

黄陂的三鲜，在武汉市相当有名，逢年过节或者农村里的红白喜事，三鲜都是黄陂人桌上不可或缺的“大菜”。除了三鲜，黄陂豆丝在武汉也是非常有名的。

每年过年前，父亲会在清晨把手扶拖拉机上的柴油机卸下来，连在磨浆机上。母亲会提前把大米、糯米、黄豆、绿豆浸泡好，然后将它们按照一定的比例混合倒进磨浆机。马达声响起，我就知道要开始磨“豆浆”了，赶紧跑过去“帮忙”。看着乳白色的浆汁从磨浆机里流出来，小孩子们总是会高兴得手舞足蹈，有时候还会忍不住拿手去接一点浆汁，直到不小心弄一点在身上，被大人一顿训斥。

磨好的浆汁抬进厨房后，就可以制作豆丝了。生好火，母亲会用瓢舀上小半瓢浆汁，倒进锅中，然后用大大的蚌壳，把浆汁在锅里铺均匀。成形后，掀起薄薄的饼皮的一角起锅，一张原味豆丝就制作成功了。

每每这个时候，我都会跟妹妹跑进厨房，缠着母亲用新鲜的豆丝做成好吃的酸菜豆丝。母亲先在锅里刷上一层菜籽油，油热后，将刚制作好的原味豆丝铺在锅中，炕到两面金黄，再把事先炒好的酸菜平铺在豆丝上，炕上一会儿后，将豆丝往中间对折两次，一份美味可口的炕豆丝就大功告成了。我跟妹妹总是端着碗，跑到堂屋，一口气将豆丝吃个精光，然后满足地咂吧咂吧满是油香的嘴。

然而，新鲜的豆丝不易保存。一般一年只有一次吃到新鲜豆丝的机会。为了能较长时间保存豆丝，母亲会将冷却后的豆丝卷起来，切成宽 1 厘米左右的条状，晒干，这样就可以一直保存到第二年的开春。春节期间，还可以作为送给各家的随手礼。

豆丝

绘图：洪勇辉

某年的一天，居然在汉口台北路上的中百仓储旁发现了一家卖炕豆丝的小店，有酸菜、肉丝、牛肉等多种口味。我毫不犹豫地买了一份酸菜的，居然尝到了一丝儿时的味道。如今人们能吃到的小吃种类很多，不知道这家店能否一直生存下去，但愿总有如我这般的人去光顾吧。

莲藕
——排骨藕汤，武汉人最浓的乡愁

中文名：莲

英文名：sacred lotus

拉丁名：*Nelumbo nucifera* Gaertn.

科名：睡莲科 Nymphaeaceae

属名：莲属 *Nelumbo*

别名：菡萏、芙蕖

莲藕

主要特征

荷花为多年生水生草本，其根状茎就是我们所说的藕，肥大、横向着生，内有通气孔道（藕孔），节部往内缩缢，节上着生黑色鳞叶，下生须状不定根。叶圆形、盾状，上面光滑，叶脉从中央辐射而出。叶柄粗壮、中空，外面散生小刺，有点扎手。花瓣红色、粉红色或白色，花梗和叶柄等长或稍长，也有小刺。着生莲子的部位实际上是花托（莲房），直径5~10厘米。

主要利用价值

根状茎（藕）作蔬菜或提制淀粉（藕粉）；种子供食用。叶、叶柄、花托、花、雄蕊、果实、种子及根状茎均可作药用；藕及莲子为营养品，叶（荷叶）及叶柄（荷梗）煎水喝可清暑热，藕节、荷叶、荷梗、莲房、雄蕊及莲子都富有鞣质，可作收敛止血药。叶为茶的代用品，也可作包装材料。

起源地

原产于印度，后来引入中国，迄今已有3000余年的栽培历史。

藕汤情结

每一个湖北人，尤其是武汉人，一定都有一个藕汤情结——因为它代表着家的味道。去年，远在深圳的高中同学收到了朋友寄过去的裹着泥巴的莲藕，马上在群里跟我们炫耀，满足之情溢于言表。我的一位来自安徽的大学同学，上大学期间，对武汉的藕汤赞不绝口，说自己在家从没有喝过这么美味的藕汤。读研期间，我带着他还有其他同学一起回到老家过元宵节，等他喝到了母亲煨制的藕汤时，激动得半天说不出话来。

是啊，在自己喝过的藕汤里面，没有一碗是能超过母亲煨制的。人们会用汤色纯正来形容上好的排骨藕汤，在我眼里，母亲煨的排骨藕汤的汤色才是最纯正的。关键是她挑选的藕也是软糯粉烂的。长大后，我曾试着按母亲讲的窍门去挑选煨汤用的藕，但常有失手。

关于食材的选取

排骨藕汤算不上什么大菜，但在武汉却是家喻户晓。“无汤不成席”，排骨藕汤是招待贵客的首选。多年前，在武汉的大街小巷，经常会见到有人生炉子，尤其是周末和节假日，那他家一定是准备煨汤了。客人上门，先盛上一碗热气腾腾的排骨藕汤，是待客的惯例。由于它特别适合武汉人的口味，如今，许多餐馆的酒席上也引进了这道特色菜。要煨制口味地道正宗的排骨藕汤，食材非常重要。不过排骨一定要是新鲜的肋排，当然，如果能够买到地道的土猪肉，

武汉人煨汤的罐子比这个要大

那就最好。而藕的选择，就颇为考验人了。

湖北是“千湖之省”，全省曾有面积3平方公里以上的湖泊1100多个，尽管如今这个数量大大减少，但是依然有很大的水域面积。武汉是“百湖之市”，如今依然有大小湖泊160多个，在正常水位时，武汉市的湖泊水面面积803.17平方公里，居中国城市首位。其中的许多湖，都可以种植莲藕。有一句民谣说：“黄州的萝卜、蔡甸的藕，樊口的鳊鱼、鄂城的酒。”蔡甸莲藕是国家地理标志产品，声名显赫，这里产的藕生吃脆爽，熟吃清香回甜，炖汤粉糯香甜。其实，除了蔡甸，湖北许多地方的藕都很不错，比如巴河莲藕、嘉鱼莲藕也都是国家地理标志产品。另外，江夏青菱、仙桃沔城、荆州洪湖等地的莲藕也都是名声在外。其实，湖北省莲藕主产地包括蔡甸、汉川、洪湖、仙桃、浠水、江夏、东西湖、云梦、监利、赤壁、嘉鱼等10多个县市，种植面积接近100万亩，产量达到240万吨，占全国总产量的1/3。

如何选取煨汤用的藕，有很多种说法。比如说藕节的地方要是粉红色的。还有一个流传更广的说法是7孔和9孔的区别，前者适合煲汤，后者适合炒菜。实际上，这都不是稳定的判断方法，不同的地方产的藕确实在孔数上存在差异，但是要说这些和藕是否粉糯

洪湖的荷花

有关，还真的存在争议。尤其是近年来，莲藕的育种专家们，选育出了不同品种的藕，真的是会让人挑花眼。

有一个方面是可以确定的，就是对同一个品种的藕而言，冬藕比新藕要粉糯一些。这是因为在春夏生长之时，莲藕处于活跃状态，碳水化合物是以蔗糖和果糖的形式存在的。这时的细胞中充满了水分，所以吃起来有脆甜的感觉。到了秋天，藕节开始储存过冬的营养，

挖莲藕也是个技术活儿

绘图：洪勇辉

体内的淀粉含量急剧上升，最终变得像红薯一样粉糯。此外，对于生藕而言，淀粉多的口感涩一些，粉糯一些，淀粉少的比较甜一些。同一根藕，中间段的煨汤品质最好，因为头部较嫩、偏脆，尾部口感又不太好。

煨汤时不能使用铁质的器皿，这是武汉人都知道的“秘密”。过去一般是用烧制的砂罐（武汉人称汤铫子），现代家庭普遍使用紫砂锅。这是因为，铁锅煨制的藕汤会变成黑色。之所以变黑跟莲藕中所含的多酚类化学物质有关，这些家伙有个共同的性质，就是能跟铁离子结合形成或紫或蓝的有色络合物。莲藕中丰富的多酚之一——没食子酸与铁离子结合后会形成蓝黑色的物质。

吃藕、吃子还是观花

上面说了半天，都在讲莲藕，实际上它是长在池塘或者农田里的泥巴里的，而露出水面的部分，就是我们熟知的荷叶和荷花了。据记载，我国在 3000 年前就开始种荷花了，而且一定是相伴着吃这个主题的，长沙马王堆汉墓中的食盒装满藕片，足以说明这一点。《诗经·郑风·山有扶苏》写道："山有扶苏，隰（xí）有荷华。不见子都，乃见狂且。"《诗经·陈风·泽陂》云："彼泽之陂，有蒲与荷。有美一人，伤如之何？"也足以说明我国人民种植荷花的历史悠久。

但是究竟是为了吃藕还是观花，哪个更重要？这个就不好说了。其实荷花是睡莲科莲属的水生草本植物。莲属只有两个种，一个在亚洲，就是我们说的莲藕、荷花、莲；另一个在美洲，叫美洲黄莲。

绘图：洪勇辉

出淤泥而不染的荷花（摄影：傅强）

而我们说的荷花分为根莲（供食蔬菜）、籽莲（产莲子为主）和花莲（观赏功能）是人为根据其利用价值进行的划分，从植物学本质上讲，它们是同一个种。现代人根据不同的需求，选育出来不同的品种，是人类历史发展和科技进步的结果。

除了前面说的莲藕，莲子也是重要的食材，除了鲜食，更多的莲子被干燥后包装售卖，我们最熟悉的做法恐怕是银耳莲子羹了。莲子磨成粉后，与糖和食用油等食材混在一起，就变身成为莲蓉，是制作月饼及其他甜点的重要原料。

除了吃，荷花因其“出淤泥而不染”的高洁品质历来受到人们的推崇，人类对荷花的描写和赞美也从来都不吝惜笔墨，北宋理学家周敦颐的《爱莲说》更是把对荷花的赞美推到了极致。而朱自清的《荷塘月色》，则是现代文中描写荷花的经典之作。珠玉在前，现在如果有人想要写荷花，恐怕都是慎之又慎吧。

植物给人类带来的愉悦是全方位的，对于荷花，无论我们到底是食用还是欣赏，都是它的恩赐。

桑葚

——满嘴乌黑的家乡滋味

中文名：桑

英文名： mulberry

拉丁名：*Morus alba* L.

科名：桑科 Moraceae

属名：桑属 *Morus*

别名：霜桑叶、桐子桑、洋桑、野桑、桑树、白桑、山桑条、桑枝、伏桑、荆桑、家桑、黄桑、桑枣树、蚕桑

乌黑的桑葚（摄影：汪波）

主要特征

桑树为落叶灌木或小乔木，树皮是灰白色的，一个典型特征是枝条折断后有乳白色汁液流出。叶片边缘有粗锯齿，有时会有一些不规则的分裂，这是植物学上的异型叶现象。叶面上有光泽、无毛，而叶背脉上则有疏毛。桑树为雌雄异株，聚花果（桑葚）为黑紫色或白色，一般是圆柱形。

主要利用价值

桑叶是喂桑蚕的主要原料；桑树木材可以制家具、农具，并且可以作为建材；桑皮可以造纸；桑条可以编筐；桑葚可以酿酒。桑树还是保持水土、固沙的好树种。在我国，从东北的辽宁至西南的云贵高原，从西北的新疆到东南沿海各省，许多地方都种桑树。

起源地及分布

原产我国中部，有约4000年的栽培史，栽培范围广泛，东北自哈尔滨以南；西北从内蒙古南部至新疆、青海、甘肃、陕西；南至广东、广西，东至台湾；西至四川、云南。垂直分布大都在海拔1200米以下。

故乡结满桑葚的桑树（摄影：汪波）

满嘴乌黑的家乡滋味

儿时物资匮乏，哪有什么零食，很多好吃的东西都是自己到大自然中去寻找。因为爬桑树摘桑葚，衣服沾上乌黑的桑葚汁，被母亲唠叨，是每年夏天必然要经历的事情。但是，这依然无法阻止我每年爬上桑树大快朵颐。传说，斑鸠吃多了桑葚会醉倒。《诗经·卫风·氓》中就有对这一说法的记载：“于嗟鸠兮，无食桑葚；于嗟女兮，无与士耽。”诗中用斑鸠吃了桑葚会甜得迷醉过去而掉落树下，然后轻易地落入猎人的手中，来劝诫年轻女子不要因为爱情的甜蜜轻易地陷入其中而遭受不幸。儿时的我，一定是被美味的桑葚迷醉得昏了头。

村里的桑树很多都长得高大，我印象最深的是曾祖母家门口池塘边的那棵。那棵桑树我们垂涎了很久，但是实在太难爬上去，每年只能“望桑止渴”。有一年，有一家人正好在桑树边上盖了一个猪圈，这下可把我们乐坏了。因为先爬上猪圈的屋顶，再爬上树杈，就容易了很多。坐在枝头，小心翼翼地采下桑葚，捏着果柄，把乌黑的桑葚塞进嘴巴，甜美的汁水沁进牙缝，刺激着味蕾，到如今我都无法忘记那种味道。有时候，坐在树桠上，看到阳光透过茂盛的桑叶，突然一阵风吹动着枝条，乌黑、紫红的桑葚在阳光的衬托下，是那么的明艳动人……

上中学以后，不知道是因为不再嘴馋，还是因为不好意思再去爬树，渐渐地就没有再去关注村里的桑树，等我有意识地去村里寻找桑树时，儿时记忆中的桑树仿佛一下子都消失不见了。偶尔在村里或者村外见到的桑树，即便结了桑葚，味道也不如儿时那样让人回味无穷。

桑树栽培历史

桑树在我国栽培历史悠久，《诗经》中多次提到桑，如“女执懿筐，遵彼微行，爰求柔桑”（《豳风·七月》）、“鸤鸠在桑，其子在梅”（《曹风·鸤鸠》）、“桑之未落，其叶沃若”（《卫风·氓》）、“将仲子兮，无逾我墙，无折我树桑”（《郑风·将仲子》）、“交交黄鸟，止于桑”（《秦风·黄鸟》）、“南山有桑，北山有杨”（《小雅·南山有台》）、“十亩之间兮，桑者闲闲兮，行与子逝兮”（《魏风·十亩之间》）等。从地理位置上来看，这些民歌来自山东、河南、

未完全成熟的桑葚

完全成熟的桑葚乌黑发亮

甘肃、山西、陕西等地，足以证明西周时已有大规模的桑树栽培。

宋朝欧阳修曾撰诗曰：“黄栗留鸣桑葚美，紫樱桃熟麦风凉。”想来古人也是喜欢采食桑葚的。然而桑树在我国广为人知，并不仅仅因为桑葚可以食用，味道甜美，更加重要的原因是桑树是丝绸业的基础，它是桑蚕的唯一饲料来源。我国是蚕桑生产起源地，栽桑、养蚕历史悠久，蚕茧产量居世界首位。蚕业对中华民族的繁荣昌盛，对世界物质文明与文化交流作出了杰出的贡献。如果没有了桑树，哪来震古烁今的“丝绸之路”。

对桑的最早记述出现在甲骨文当中，可见我们的祖先很早就开始种植并利用桑树。如上所述，《诗经》里桑树出现的篇章很多，对于先秦农业时代的人类生活来说，桑已经是一种普通植物。先人们以桑养蚕，由蚕茧，得轻便柔韧的丝帛，这应该算得上是人类生活品质飞跃的一个显著特征。在周商时，桑也已经是宗庙祭祀时的神木。等到先秦时，桑蚕饲养已经是非常普及的农事了。到了西汉，丝绸之路开通，成为古代连接东西方的著名贸易要道。

现代都市里的人已经很难体会到养蚕的乐趣了。不过城市里的孩子为了有机会接触大自然，开展自然教育，养蚕就变成了时髦的行为，很多小朋友都养过蚕。一到了春天，桑树就要“遭殃”了。每年，凡是小区附近的桑树，树冠下部的枝条都会慢慢变得光秃秃的——长出来的嫩叶片基本被养蚕的小朋友或者他们的父母采摘一空。对于很多父母而言，养蚕是温和而又安全的自然教育方式，无论是刚孵出来的黑乎乎的蚕宝宝，还是长大后白白胖胖的蚕，都是人畜无害的样子。尤其是当蚕大一些了，近距离去听蚕咀嚼桑叶的沙沙声时，

故乡的桑树（摄影：汪波）

很多小朋友都会激动不已。如此近距离接触虫子，也算是弥补了很多孩子不能真正接触大自然的遗憾。

为啥有的桑树不结果

桑树是桑科桑属植物的通称。我国目前公认的桑树有 15 个种和 4 个变种，因此，我们在同一个地方看到的两棵桑树，也很可能并不是同一个种。并不是所有的种都会结桑葚，味道差别也比较大。桑树不结果还有一个更加重要的原因，它是雌雄异株的（极少数情况是雌雄同株的）。雌树会结果，而雄树无论你怎么对它好，帮它浇水、施肥，它也“不会给你好果子吃”的！通常情况下，只有开雌花的雌株才能结果。

桑树的花很不起眼，我们会对紫红、乌黑的桑葚垂涎三尺，可是恐怕很少有人会去关注它的花。原因在于桑树的花不像玫瑰、百合这些花有艳丽的花瓣，它的花瓣退化了，因此无论是雌花还是雄花都显得其貌不扬。仔细观察，我们会发现雌雄桑花都是腋生的（从叶腋里长出来），雄花是下垂的柔荑花序，每朵小花会伸出 4 枚雄蕊，靠风媒传粉；雌花则是穗状花序（由很多朵小花长在一起组成），柱头有茸毛或突起，这当然是为了最大限度接受花粉，最后才好结出果子。所以桑葚跟菠萝一样，属于“聚花果”，它不是由一朵花发育而来的，而是由很多朵小花组成的穗状花序发育而来。所以，如果你发现桑树一直不结果，不要觉得奇怪，因为它十有八九就是一棵雄树。

糯米

——手工糍粑，搅不断的乡愁

糯米是糯稻脱壳的米，在南方称为糯米，在北方则称为江米。籼稻和粳稻中都有糯稻，所以糯米既有长糯米（籼糯），又有圆糯米（粳糯）。

乳白色的粳糯米

手工糍粑

一阵浓郁的糯米香从厨房传来，堂屋里，父亲、二叔、三叔还有三五好友已经将两根粗粗的木棒和舂准备好。不一会儿，母亲端着已经蒸好的糯米出来，香气四溢。舂表面抹上一层菜籽油，再把糯米倒进舂里，父亲和叔叔们就开始用木棒捶打糯米。刚开始，捶打并不费力。随着时间的推移，糯米黏性越来越大，越来越难舂，大家开始轮番登场。男人们开始哼出低沉而有节奏的号子，没有歌词，但是乐感十足，仿佛在里面注入了超强的生命力。一个人打下去，一个人拔出来，到最后一边捶打、一边转动木棒，两个人协作完成，才能把木棒拔出。黏黏的糯米逐渐在力大势沉的捶打下逐渐被驯服，变成面团一样，但是黏度很大。母亲会趁热在一旁抓起一团，粘上

缩小版的舂

红糖，请大家品尝。

大家齐心协力把打好的糍粑从舂里翻出来，摊到撒了米粉的簸箕里，慢慢压平到 1 寸左右的厚度。等它慢慢变凉，再切成宽度 10 厘米左右的长条，便成为日常食物和馈赠亲友的上佳礼品。

我跟妹妹最喜欢吃的是炸糍粑。糍粑摊凉后，母亲有时候会将部分糍粑切成 1 寸见方的小片，厚度大概半个指节，然后晒干保存。家里没啥东西吃了，母亲就会将这些晒干的糍粑取出来油炸。起锅后，金黄的糍粑让人垂涎欲滴，但是不能着急，这个时候太烫了。等炸糍粑放凉以后，塞一个进嘴，酥脆糯香。现在很多餐馆里面都有红糖糍粑这道主食，我偶尔也会点上一盘，但是总觉得不如母亲做的好吃。

一阵阵糯米的清香从厨房传来，堂屋里有节奏的号子声此起彼伏……这是我脑海中时常闪过的画面。

糯米也是水稻吗？

糯米是糯稻加工后获得的大米，先脱去稻壳（颖壳），然后去掉米糠层（包括种皮、糊粉层等），再才能看到乳白色的糯米。所以准确的问法应该是：“糯稻也是水稻吗？”

糯稻当然也是水稻的一种。但是在水稻的分类上，常有人将糯稻和籼稻、粳稻放在同一个层次去比较。实际上，栽培稻的两个亚种只有籼稻和粳稻，籼稻米粒细细长长，粳稻米粒短短圆圆。这两个亚种里都有糯稻，也就是说籼稻和粳稻，都有糯稻类型，分别被称为籼糯和粳糯。所以，我们可以见到细细长长的糯米，也可以见到短短圆圆的糯米。

从分类上来说，糯稻是相对于粘稻而言的，主要的区别就是糯稻的稻米里面基本上都是支链淀粉，而粘稻除了支链淀粉，还含有直链淀粉，导致了二者的黏性存在显著差异。

植物学上的分类方式常会让人懵圈，我们再把以上分类过一遍。“中国稻作科学之父”丁颖将我国栽培稻系统分为四大类型：1. 籼亚种和粳亚种；2. 晚稻和早稻；3. 水稻和陆稻；4. 粘稻和糯稻。这是非常有层次的一个分类系统。以我们相对熟悉的东北大米为例，它是粳亚种、水稻、粘稻，由于东北只种一季水稻，一般没有早晚稻之分。而湖北省种植的晚稻，一般则是粳亚种、晚稻、水稻、粘稻。

如果看到有人说，水稻种类很多，有籼稻、粳稻和糯稻，请你告诉他，这样说，也没什么大毛病，但是不准确，这三者并不是一个平行的概念。

第三篇
湖北地理标志农产品

地理标志保护产品指产自特定地域，所具有的质量、声誉或其他特性取决于该产地的自然因素和人文因素，经审核批准以地理名称进行命名的产品，并进行地域专利保护。地理标志，顾名思义就是一提到这个地方人们就会想到的“东西”。目前，发布地理标志产品的单位包括国家质量监督检验检疫总局、国家知识产权局和中华人民共和国农业农村部（只发布农产品地理标志）。据国家知识产权局数据显示，截至 2018 年 6 月底，我国累计保护地理标志产品 2359 个。湖北省该标志产品位居全国第二，中部第一。

洪山菜薹

中文名：洪山菜薹

英文名：Purple flowering stalk

拉丁名：*Brassica campestris* L. ssp. chinensis var. purpurea Hort.

科名：十字花科 Brassicaceae

属名：芸薹属 *Brassica*

红菜薹

主要特征

红菜薹是芸薹属一年或二年生草本植物，和广东菜心同为小白菜的变种，高可达50厘米，全体无毛。基生叶为长椭圆形或宽卵形，叶脉较宽，叶柄一般为紫红色。薹叶细小，为倒卵形或披针形。花薹近圆柱形，总状花序顶生。花瓣为浅黄色，和油菜一样呈十字形，花梗细小。角果细长，种子球形。

主要利用价值

洪山菜薹俗称“大股子”，因其原产于湖北省武汉市洪山区一带而得名。其茎肥叶嫩，色香味美。洪山菜薹在唐代已经是著名的蔬菜，历来是湖北地方向皇帝进贡的土特产，曾被封为“金殿玉菜”。国家质量监督检验检疫总局于 2005 年 12 月 31 日起对洪山菜薹实施地理标志产品保护，保护范围为湖北省武汉市洪山区洪山乡、九峰乡、花山镇等 3 个乡镇所辖行政区域。

起源地

起源于中国。但是具体地点目前存在争议。

绘图：洪勇辉

红菜薹还是洪山菜薹

十字花科的蔬菜种类繁多，每个人都可以列举出来好多种，萝卜、小白菜、芥蓝、包菜（结球甘蓝）、大白菜等等，而武汉人最为熟悉的，莫过于红菜薹了。这里的“薹”字，却是最容易写错的字之一，经常有人以“苔”代之，那真的是“失之毫厘，谬以千里”。

红菜薹又名紫菜薹，学名是*Brassica campestris* L. ssp. chinensis var. purpurea Hort.，而白菜的学名是*Brassica campestris* L. ssp. chinensis，也就是说红菜薹的真实身份是十字花科芸薹属芸薹种白菜亚种的变种，简言之就是小白菜的变种，跟小白菜是名副其实的亲戚。红菜薹因其花茎色泽鲜艳、脆嫩爽口、营养丰富而深受大众的喜爱。春节前后，一碗腊肉炒菜薹是许多人家餐桌上的首选菜肴。

红菜薹营养丰富，富含多种维生素、矿物质元素、多种氨基酸及纤维素。维生素以维生素C和维生素A含量较高，矿物质元素以钙、磷、铁、锌含量较高。

洪山菜薹为何总能卖出天价

民间传说洪山菜薹以“塔影钟声”为佳，最佳是塔影薹，即洪山宝塔落影之地种植出来的菜薹；再则为钟声薹，即宝通寺钟声波及的三十里范围内种的红菜薹。这些传说为洪山菜薹蒙上了传奇色彩，也成为如今商家炒作的噱头，每年都会爆出天价菜薹的新闻。

不过，洪山菜薹之所以出名，的确是因为它生长于独特的地理位置，造就了它独特的口感。清代《武昌县志》中有洪山紫菜薹“味尤佳，它处皆不及”之类的记载，而“距城（武昌城）三十里则变色矣，询别种也”。而《江夏史志》中则详细记载了洪山菜薹的最佳原产地：“洪山菜薹，尤以洪山宝通寺至卓刀泉九岭十八凹出产的品质最佳。若迁地移植，不仅颜色不同，口味也有差异。”九岭十八凹，西起石牌岭，东至卓刀泉古庙对面的庙前山，方圆三十里。有报道说，这一带的确存在与众不同的“小气候”：从洪山至卓刀泉这一片丘陵地带，北有洪山，阻隔寒风；南有晒湖，气候温暖潮湿，是洪山菜薹最适宜的生长环境。这一带的土壤是灰潮土，高钙、微量元素较多。加之过去的洪山一带，树木葱郁，泉眼众多，泉水浇灌的菜薹更具灵气。此外，千百年来，因长江洪水漫溢，洪水夹带的泥沙在洪山宝通禅寺一带各处垄地沉积下来，经过历代祖先精心耕作，加之品种优良的菜薹，形成了洪山菜薹独一无二的特质。

“物以稀为贵”嘛，现在这片区域已成为繁华的城市中心，真正能用来种植洪山菜薹的土地，已经寥寥无几。加上市场的运作，进一步加剧了大家对稀有产品的追捧。能卖出天价，也就不足为奇了。

真的能够辨别真假洪山菜薹吗?

洪山菜薹原有 3 个核心品种：大股子、胭脂红、一窝丝。一窝丝现已失传，很可惜；胭脂红也鲜为人知，只有当地农户有零星种植；目前，一般将“大股子”作为洪山菜薹的正源。

然而，普通大众要辨别洪山菜薹与普通菜薹，并不是件容易的

腊肉炒菜薹是武汉人的最爱之一

事情。有学者专门指出了洪山菜薹和普通菜薹的区别：一是看菜薹秆。普通红菜薹个头较小、较细，一般薹长在30厘米左右，而洪山菜薹则长得非常壮硕，不仅长约60厘米，而且平均直径在2.5厘米左右，最粗的可长得像莴苣一样。整个呈明显的喇叭状，五六根就有一斤重。二是看菜薹花。洪山菜薹出薹不久就会开花，直到菜薹成熟，花是可食的，且是可食花系中营养价值最高的一种。普通红菜薹出薹后较晚才会开花，当花开之时说明菜薹已经变老，且花是苦的。三是看菜薹的横截面。洪山菜薹看不到植物纤维，而普通红菜薹可以观察得到。另外，洪山菜薹生掐易脆断，掐完冲洗，手上的紫红色可轻易冲掉。四是看口味。普通红菜薹生食时口感略苦或无味，炒后有紫色汤汁，吃在嘴里会有渣子。而洪山菜薹质地柔嫩，清脆爽口，炒后无紫色汤汁，食后无渣子。五是看上市时间。普通红菜薹为抢市场，每年的种植和上市期要提早一个多月，9月份就有上市，而露天种植的洪山菜薹到11月中下旬才开始有少量上市。真正吃洪山菜薹的时间要等到次年1月左右，这时其口感、味道最好，尤其是经霜冻后的第三掐。不过，现在由于栽培技术不断完善，洪山菜薹也可以提前到9月份上市。

其实，只要种植方法得当，采摘时间合适，一些普通的红菜薹品种口感也非常不错。比如说在无污染的土地，使用农家肥，减少化肥和农药用量，在霜降以后采摘的菜薹也是品质非常好的。因为红菜薹性喜冷凉，在进入霜降季节之后，天气变得寒冷，白天与夜晚的温差加大，此时采摘的红菜薹色泽鲜艳，水分充足，口感脆嫩，食味微甜，品质优良。正因如此，很多的文人墨客对红菜薹咏诗赞叹，如清人徐鹄庭《汉口竹枝词》云:“米酒汤圆宵夜好,鳊鱼肥美菜薹香。”清人王景彝《琳斋诗稿》云:“紫干经霜脆,黄花带雪娇。”当然,在民间也素有“梅兰竹菊经霜翠,不及菜薹雪后娇”之说。

但是洪山菜薹这张名片,的确使得湖北红菜薹名满天下。武汉市政府近年来也非常重视洪山菜薹的保护和开发工作,洪山菜薹成为蔬菜产业化运作的成功典范。随着现代育种技术的不断发展,红菜薹的品种逐渐多元化,因为有了“洪山菜薹”这张名片,湖北省的红菜薹在全国各地都广受欢迎。

蕲春艾草

中文名：艾

英文名：Asiatic worm wood

拉丁名：*Artemisia argyi* Lévl. et Van.

科名：菊科 Compositae

属名：蒿属 *Artemisia*

别名：家陈艾、家蒿、艾蒿、野蒿、野蓬头、白蒿

路边的山艾草（摄影：杨鹏）

主要特征

艾草为多年生草本或略成半灌木状，植株有浓烈香气。主根常有横卧地下的根状茎及营养枝，所以我们常可在不同年份的同一个地方见到它。艾草的茎上有明显纵棱，基部木质化程度较高，摸上去很不平滑。茎、枝上均有灰色蛛丝状柔毛。艾草的叶片类型比较复杂，其基生叶、茎下部叶、茎中部叶、茎上部叶之间均有一定的差异，但其上均有灰白色短柔毛，背面密被灰白色蛛丝状密绒毛。花序结构复杂，瘦果为长卵形或长圆形。

主要利用价值

全草入药，有温经、去湿、散寒、止血、消炎、平喘、止咳、安胎、抗过敏等作用。历代医籍记载为“止血要药”，又是妇科常用药之一，治虚寒性的妇科疾患尤佳，又治老年慢性支气管炎与哮喘，煮水洗浴时可防治产褥期母婴感染疾病，或制药枕头、药背心，防治老年慢性支气管炎或哮喘及虚寒胃痛等；艾叶晒干捣碎得“艾绒”，制艾条供艾灸用，又可作“印泥”的原料。此外全草作杀虫的农药或熏烟作房间消毒、杀虫药。嫩芽及幼苗作菜蔬。

起源地及分布

分布广，除极干旱与高寒地区外，几乎遍及全国。生长于低海拔至中海拔地区的荒地、路旁、河边及山坡等地，也见于森林草原及草原地区，局部地区为植物群落的优势种。蒙古、朝鲜、俄罗斯(远东地区)也有。

苦涩的回忆

每每听别人说起“哑巴吃黄连，有苦说不出”时，因为没有吃过黄连，我脑海中跳出的往往都不是黄连，而是艾草。小时候我肠胃不好，经常会积食和消化不良。每当这时候，母亲都会将艾叶在锅里稍微煸炒后，加水煮成艾草汁，要我喝下去。可真的是非常苦呀，实在喝不进口，母亲就会在里面加一些红糖。还跟我说，闭着眼睛，一口气喝下去就好了。现在想起这样的画面，我的嘴里还是会隐隐冒出艾草的苦味。不知道是因为用的艾草不同，还是艾草的放置时间不同，我的消化不良，有时候的确可以用这样的方式缓解，但有时候又收效甚微。不过，这个偏方到底有没有科学依据，需要有权威的中医来解释。但是艾草是重要的中药材，这是毋庸置疑的。

在我的记忆中，家里总是可以看到艾草。每年的端午节，母亲都会事先采回来艾草，让它自然阴干，然后将干燥的艾草放在大门的门楣之上，据说可以驱邪。有时候家里蚊虫太多，甚至还会点燃艾草，将整个屋子熏一遍，蚊虫真的会少很多。而且，烟雾消散后，还会留下满屋子的艾叶清香，这个记忆比喝艾草汁要美好太多了。

蕲艾

蕲艾——对李时珍的祭奠

艾草是非常常见的植物，除极干旱与高寒地区外，几乎遍及全国。然而，真正要说到药用价值，当然还是地道的蕲春艾草。

蕲春是我国著名的医学家、药物学家李时珍（1518—1593年）的故乡。李时珍出生在蕲春县蕲州镇东长街之瓦屑坝（今博士街），在数十年行医以及阅读古典医籍的过程中，发现古代本草书中存在着不少错误，决心重新编纂一部本草书籍。明世宗嘉靖三十一年（1552年），李时珍开始着手编写《本草纲目》，参考了800多部书籍。其间，更是多次离家外出考察，弄清了许多疑难问题。经过长达27年的努力，于明神宗万历六年（1578年）完成《本草纲目》初稿，时年60岁。以后又经过10年三次修改，前后共计约40年。万历二十一年（1593年）李时珍去世。万历二十四年（1596年），也就是李时珍逝世后的第三年，《本草纲目》在金陵（今南京）正式刊行。除此外，李时珍的著作还有《奇经八脉考》《濒湖脉学》传世。因为李时珍的伟大贡献，被后世尊称为“药圣”。

蕲春得天独厚的地理环境，造就了很多独特的生灵，蕲蛇、蕲龟、蕲竹、蕲艾被称为“蕲春四宝”。蕲春艾草，遍产蕲春县近水向阳之田埂地边，山坡上也少量生长。李时珍将这一特有的物种记录在了《本草纲目》当中。“近代惟汤阳者谓之北艾，四明者谓之海艾，自成化以来，则以蕲州（蕲春旧称）者为胜，用充方物，天下重之，谓之蕲艾。”（也有学者认为浠水才是古时的蕲州。）今天，我们运用现代的检测技术，知道了蕲艾的不凡特征：蕲艾含17种已知化合物，并且挥发油含量、总黄酮含量、燃烧发热量等明显优于其他地区所产艾叶。

蕲艾一般用于针灸术的“灸”。“针”就是拿针刺穴道，而“灸”就是拿艾草点燃之后熏、烫穴道，穴道受热固然有刺激，但并不是任何纸或草点燃了都能作为“灸”来使用。自古民间就有用拔火罐的方法来治疗风湿病的，以艾草作为燃料效果更佳。蕲艾古代皆为野生，随着需求量和标准化生产的需要，逐渐开始进行人工栽培，并加工成多种产品进行销售，市场反映良好。

艾草是一种植物吗?

艾草在我国的应用历史非常悠久，《诗经·王风·采葛》中有“彼采艾兮，一日不见，如三岁兮！”的优美诗句。但是我们通常所说的艾草、艾蒿其实包含了菊科蒿属的好多种不同的植物，比如艾、南艾蒿、野艾蒿等等。艾草最容易被人们记住的特征是它的气味，而外形则非常普通：青紫色的茎，羽毛状多裂的叶片。因为同是菊科的植物，所以叶片在外形上跟我们常见的一些菊花还是有一些相似的。

艾草强烈的气味其实来自于它体内含有的桉树脑、艾草油、侧柏酮、三萜类化合物和香豆素等物质，这些物质也使得艾草具有抑制细菌的作用，也正因为如此，端午节在门楣悬挂艾草被认为有“辟邪”的功效。

其实嫩嫩的艾叶是可以食用的。清明时节，很多地方都有食用

艾草

艾草团的习俗。清明时节，艾草刚刚长出嫩叶，人们会挎上篮筐，到野地里采寻。嫩叶采回来之后洗净，加水，揉碎成汁。把糯米或者粳米蒸熟，捏打成团，再和艾草汁糅合在一起，经过多次捶打成泥状，然后搓成一块块绿色的小团——谓之“青团”。打青团，曾经在很多地方是清明最有特色的节令食品制作活动之一。当然，除了艾草，能制作青团的野菜还有泥胡菜和鼠麴草等。制作好的青团，上蒸笼蒸熟即可食用。还可以包裹酸菜、肉馅、春笋丝等，也可以包裹豆沙做成甜食。

罗田板栗

中文名：栗

英文名：Chinese chestnut

拉丁名：*Castanea mollissima* Bl.

科名：壳斗科 Fagaceae

属名：栗属 *Castanea*

别名：板栗、魁栗、毛栗、风栗

成熟的板栗

主要特征

板栗为可高达 20 米的乔木，不过我们在一般的板栗园见到的不会这么高大。叶片为椭圆或长椭圆形，叶片边缘有刺毛状齿，这是很明显的特征。板栗为雌雄同株，雄花为直立柔荑花序，雌花单独或数朵生于总苞内，1~3（5）朵发育结实。总苞上密生尖刺，这也是板栗让人望而生畏的主要原因，坚果就藏在总苞里。

主要利用价值

种子是干果，营养丰富。可入药。生食治腰、肢不遂等。边材狭，宜作枕木、矿柱、薪炭等，也是良好的建筑、造船及家具用材。树皮、壳斗嫩枝的髓部都含鞣质可提制栲胶。叶可饲柞蚕。

起源地及分布

本属植物分布于北半球的亚洲、欧洲、美洲和非洲。原产于中国，主要分布于越南、中国台湾以及中国内地的多个省份，生长于海拔 370~2800 米的地区，多见于山地。

母亲版的炒板栗

儿时野惯了的我，在大学时代也总是闲不住。每年的国庆过后，就会邀约几个同学一起到狮子山上打“野生”板栗。有时候，稍不注意，打下的板栗从树上掉落，砸在身上，那滋味真的是无比“酸爽”。

上高中时，镇上的干部来到村里，说村子的后山适合种板栗，给每家每户按照山上菜地的多少，发了板栗苗。大家都回到山上将树苗栽下，后面就没有人再来过问此事，山上的板栗也就逐渐成了大家共有的财产，板栗熟了的季节，也没有多少人去摘。倒是父亲和母亲，每年都会跑去山上，将自家的板栗摘回来，晒好剥好，等我们回家取。

山上的板栗树，有些品种接近野生，板栗个头很小，但是甜味很足。母亲会仔细地把小个头的板栗都挑出来，然后用沙炒制好，有时候甚至会直接送到我工作的地方。虽然吃起来不像外面的糖炒板栗那么方便，但是没有了糖的庇护，更能吃到板栗的原味。

走上第五大道的罗田板栗

湖北真正出名的板栗在罗田。

2014 年的新年到来之际，湖北卓尔集团董事长阎志在微博上晒出的 4 张图片，引来了大量的围观和转发。原来，阎志在闻名世界的高级购物街区——纽约第五大道上，发现有来自湖北罗田的糖炒板栗售卖。作为罗田人，阎志抑制不住内心的激动与喜悦，立刻在微博上晒出随拍的 4 张图片，配文“在纽约第五大道看到有罗田板栗在卖，依然是糖炒的，依然是家乡的味道。问那位开小店的外国小伙，知道这东西来自哪里吗？对方居然说出 Luotian，作为罗田人，

挂在枝头的板栗

我骄傲啊！”其实，在阎志发现纽约有罗田板栗之前，罗田板栗早就走出了国门，每年都有近千吨罗田板栗销往世界各地。

罗田位于大别山南麓，大别山主峰位于其境内，森林茂密，自然环境优越，是首批命名的全国板栗之乡。独特的气候，使得罗田板栗品质优良。罗田人自己总结罗田板栗的优点：果大（特级板栗每千克 40 粒以内）、质优（所产板栗颜色鲜艳，营养丰富，极耐贮藏）、价廉。罗田板栗历史久远，春秋战国以前即开始有人工种植，被美国的一位教授称为“世界板栗的基因库”。

板栗园如今也是罗田的生态花园，成为当地的旅游名片。据统计，罗田全县板栗种植面积已发展到 100 多万亩，年产量可达 1.2 亿斤，产值超过 10 亿元，其产量、面积均居全国之冠。

朴实无华的美

板栗有文字的记载最早出现在《诗经》中，《鄘风·定之方中》中载：“树之榛栗，椅桐梓漆，爰伐琴瑟。”《郑风·东门之墠》中载：“东门之栗，有践家室。岂不尔思？子不我即。”《唐风·山有枢》中：“山有漆，隰有栗。”《秦风·车邻》中：“阪有漆，隰有栗。”《小雅·四月》中：“山有嘉卉，侯栗侯梅。”以上五处的寓意或是寄托相思，或是说栗子是用来作贺礼或者祭品的，说明我们的祖先对板栗充满了情感。

板栗的美是朴实无华的。板栗是壳斗科栗属植物，栗属植物一共有 7 个种，其中中国板栗、茅栗和锥栗原产于中国，我们一般把中国板栗简称为板栗。我们注意到板栗的时候，一般都是它已经结了带刺的“果实”。其他时间里，板栗都貌不惊人，就连花都是绿色的。但是如果你仔细观察，一定会被板栗的美所震撼。春夏之交，板栗新叶长出时，偌大的板栗园会变成一片嫩绿的海洋。嫩绿的新叶直直矗立在枝头，昭示着它强大的生命力。等到开花时，三五条毛茸茸的雄花成簇直立在枝头，散发着清香。而雌花则生在总苞内，不显山不露水。其实，总苞最后会发育成带刺的壳。我们需要知道的是，板栗的褐色硬皮是果皮，包在果皮之外带刺的壳不是果皮，是由花序的总苞发育而成的，叫壳斗。

一般板栗树从幼苗长到能结果，要 4~5 年时间，中间果农需要付出许多辛勤的劳动，施肥、浇水、剪枝，才能在收获的季节有收成。

进入秋季，板栗的果实（其实是壳斗包裹着果实）长大了，外面的刺也变硬了，收获的季节也到了。中秋节前后，就可以开始采摘板栗了。板栗园里，经常有城里人来凑热闹，拿着竹竿打板栗。这样的参与感和体验感，让打板栗变成了旅游项目，人们也乐此不疲，也算是对果农的一种回馈吧。

板栗采下来以后，城里人往往迫不及待要剥开板栗。很多时候，板栗的硬果皮还不是褐色，而是黄色的，放上两天就会变成褐色。为了方便剥取，果农们采摘后将板栗堆积在一起，并浇上少量的水，或者是摊开晾晒，过不了几天，栗壳松动就很容易剥开。

板栗的壳斗中一般包裹着三个果实，两头的形状圆润，而中间那个则被挤得瘪瘪的，像是受了气一般。板栗的果仁可以生吃，但是不易消化，所以不能多吃。熟食的最经典方式莫过于糖炒板栗了。

炒板栗

中间的一颗总是被挤瘪

当然，板栗也可以用来煨制鸡汤，实乃美味菜肴，又是营养佳品。罗田板栗炖鸡汤和板栗腊味糯米饭是别具特色的罗田特色菜，广受大家欢迎。

秭归脐橙

中文名：脐橙

英文名：orange

拉丁名：*Citrus sinensis* (L.) Osbeck

科名：芸香科 Rutaceae

属名：柑橘属 *Citrus*

诱人的脐橙

主要特征

脐橙为乔木，叶片具芳香味，“叶柄”实际上是两片退化的小叶，称为翼叶，一般狭长，有的品种明显，有的则只留有痕迹。花白色，总状花序，有的兼有腋生单花，花柱粗壮，柱头增大。果实圆球形、扁圆形或椭圆形，一般为橙黄色或橙红色，果皮难或稍易剥离，种子少或无。

主要利用价值

宜昌出产柑橘，历史悠久，屈原的《橘颂》，证明至少 2000 多年前，宜昌就已栽培柑橘。《史记·货殖列传》有“蜀汉江陵千树橘”的记载。由于宜昌地理气候环境优越，现在宜昌栽橘，远非“千树”，而是居全省之冠，且有着众多的优良品种。

起源地及分布

据考证，约于 1520 年，葡萄牙人由中国将甜橙引入欧洲，约 1565 年，又从欧洲转引至美洲、北非和澳大利亚。可知现今世界各国栽培的甜橙类均源自我国南方。国产的甜橙类品种品系甚多，主要分为普通甜橙类、晚生橙类、血橙类和脐橙类。

“后皇嘉树，橘徕服兮”

《诗经·秦风·终南》（终南即秦岭）篇中就有“终南何有，有条有梅”的记述，“条”到底是柚还是橘目前还有争议，但是按照今天的标准，都是柑橘类的水果。说明我国早在3000年前就开始种植柑橘了。“后皇嘉树，橘徕服兮”，2000多年前，伟大的爱国诗人屈原就以家乡的橘树咏物言志，赋下《橘颂》这一千古华章。而这首《橘颂》则是切切实实说明，秭归早在2000多年前就开始种植柑橘。秭归不仅是世界文化名人屈原的故里，还是中国古代四大美人之一——王昭君的故乡，同时也是国家首批命名的“中国脐橙之乡”。

然而，《橘颂》里的“橘”并非指的是脐橙，脐橙是标准的舶来品。脐橙是我国从美国引进的，在我国只有短短几十年的种植时间，而美国也并非是脐橙的原产地。这得从1820年说起，当时，在巴西的一个修道院里，种植着一棵普通的橙子树。这年的秋天，这棵其貌不扬的小树，由于极小概率的自然基因突变，长出了顶部呈开裂状的果子，这些橙子味香汁多，甜中带酸，格外美味。因开裂的顶部形同脐眼，故得名“脐橙”。这棵孤单的橙子树上的果实受到了葡萄牙皇室和巴西贵族的青睐，被视为珍宝。然而，这些橙子全都无籽，无法进一步繁殖。植物学家们费尽心思，不断探索如何让这个神奇的物种繁衍开来。终于在1870年，在美国加州，两棵脐橙树嫁接成功。植物学家们欣喜若狂，并积极研究和推广。又经过了几十年的时间，才广泛种植于世。而传到中国，已经是20世纪70年代的事情了。勤

秭归脐橙

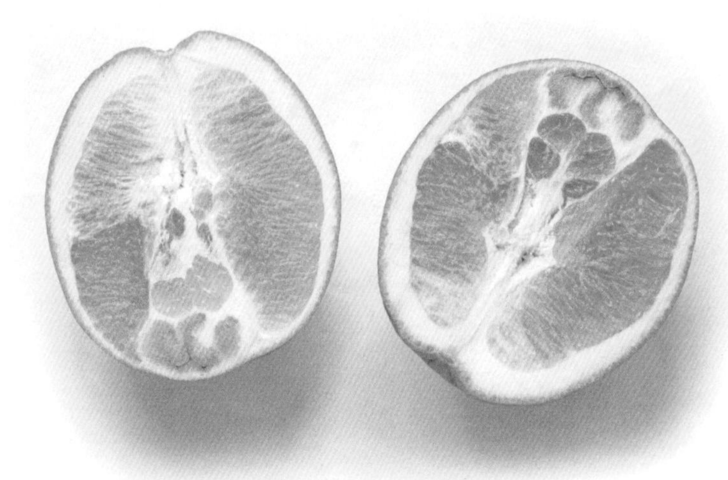

脐橙有“两个果实”

劳的中国人民，把在美国开发出的多种脐橙品种引进来，并筛选出了适合于中国种植的品种。其中，最有名的当属“纽荷尔”脐橙。

这样说，并不是要否认秭归的地位。柑橘类的水果本身种类繁多，互相之间的关系复杂，秭归脐橙之所以出名，就是因为它具有得天独厚的自然环境条件。秭归地处长江三峡河谷地区，不仅风景秀丽，而且气候独特，空气清新、水质洁净、植被丰富、土壤适宜，优越的生态环境，成就了秭归脐橙皮薄色鲜、肉脆汁多、香味浓郁、酸甜可口的特殊品质。脐橙只是秭归的柑橘类水果中的代表性水果，现在，随着育种水平和技术的不断提高，越来越多品质优良的品种在秭归得到了推广和种植。

橘还是橙?

柑橘家族关系非常复杂，科学家们也一直没有放弃对柑橘家族家谱的梳理。2018 年，一篇重量级的论文在*Nature* 杂志发表，总算是厘清了头绪。尽管关系混乱，但是绝大多数品种都是宽皮橘、柚和香橼（也叫枸橼）这三个野生种的后代。真正的橘子就是从宽皮橘而来，比如说中国的南丰蜜橘就是纯纯的宽皮橘，并且在中国栽

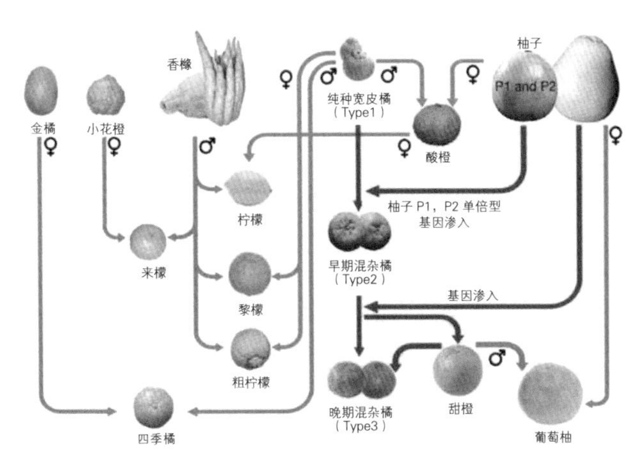

柑橘家族树（引自*Nature*，由刘夙汉化）

培甚广，椪柑其实是宽皮橘和柚子结合的后代；而酸橙是由宽皮橘和柚子杂交产生的，至于说甜橙（脐橙就是由甜橙变异而来），以前也认为是由宽皮橘和柚子杂交而来，但是现在看来还不是这么简单，但是至少柚子是妈这一点基本可以确定，而宽皮橘则是重要的基因提供者（如图）。如果大家对这些复杂的关系感兴趣的话，可以去查看发表在*Nature* 杂志上的论文。

枣阳油茶

中文名：油茶

英文名：tea oil camellia

拉丁名：*Camellia oleifera* Abel.

科名：山茶科 Theaceae

属名：山茶属 *Camellia*

油茶

主要特征

油茶为灌木或小乔木，可高达 7 米，小枝微有毛。叶片革质，与茶树叶形相似度高。叶片椭圆形，上面深绿色，发亮，有时中脉有硬毛，下面浅绿色，边缘有细小的锯齿，叶柄上有毛。花顶生，白色，蒴果球形或卵圆形。

主要利用价值

茶油色清味香，营养丰富，耐贮藏，是优质食用油；也可作为润滑油、防锈油用于工业。茶饼既是农药，又是肥料，可提高农田蓄水能力和防治稻田害虫。果皮是提制栲胶的原料，果实还可药用，治疗咽喉炎、胃痛、风湿性心脏病。茶籽壳还可制成糠醛、活性炭等。油茶树木质细、密、重，是做陀螺、弹弓的最好材料，并且由于其有茶树天然的纹理，也是制作高档木纽扣的材料。此外，油茶还是优良的冬季蜜粉源植物。同时，油茶又是抗污染能力极强的树种，对二氧化硫抗性强，抗氟和吸氯能力也很强。

起源地

油茶原产于中国，是湖北襄阳市枣阳的特产。

此油茶非彼油茶

有两种植物的果子，我只要看到就会感觉油要滴出来了。一种是油橄榄，另一种就是油茶了。

普通油茶是我国第一大木本食用油料作物，它与油棕、油橄榄和椰子并称为世界四大木本食用油料植物。油茶树是我国特有的一种油料树种。因其种子含油 30% 以上，可榨油（茶油）供食用。茶油的不饱和脂肪酸含量高达 90%，远远高于花生油和大豆油，与橄榄油相比维生素 E 含量高一倍，并含有山茶甙等特定生理活性物质，具有极高的营养价值。

油茶自古野生于我国南方低山丘陵地区。据清朝张宗法《三农记》

油茶花（摄影：傅强）

引证《山海经》：“员木，南方油食也。”这里的“员木”即油茶，至今已有 2300 多年的历史。油茶在古书上叫法不一，有很多别名。儒家经典辞书《尔雅》中称“榎”，唐朝李泰《括地志》中称“茶”，《广西通志》中称“茶油树”，宋代苏颂《图经本草》中称“楂木”，明代范成大《桂海虞衡志》中称“南山茶”。到明朝，徐光启在《农政全书》对油茶选种、种子贮藏、育苗、整地和造林等作了比较详细的记载，还记载了油的使用方法。这些著作足以说明我国油茶的栽培与利用具有悠久的历史。

因其产量有限，营养价值丰富，因此售价也偏高。平常，我们一般不会将它用来烹饪菜肴，倒是经常见到有人将它作为馈赠亲友的礼物。

我国很多地方都有被称为油茶的小吃，不过不同地方做法完全不一样，只是都用了油茶这个名字，想来是跟中国人爱喝茶有关。不过不管是哪种做法的油茶小吃，基本都与我们说的油茶树没有太多关系。

此茶非彼茶

因为都有一个茶字，所以油茶、茶和山茶这几个植物常容易引起混淆，这是再正常不过了，因为它们是同一个属的植物，拉丁名的第一个单词都是一样的。

油茶和山茶的叶子都是硬硬的革质，叶形也是椭圆或者卵圆，只是叶片基部形状不一样，一般人很难发现其中的细微差别。不过

油茶的花（摄影：傅强）

花朵区别还是比较大的，油茶花的花朵通常长有花瓣 5 ～ 7 枚，是白色的。而山茶花本身并不特指一种植物，它是山茶属里多种植物和园艺品种的通称，既有单瓣，也有重瓣，花色更是多样，有不同程度的红、紫、白、黄等，甚至还有彩色斑纹的，是我国传统的观赏花卉。

而油茶和茶树的叶子，外形上差别也不太大，但是油茶树的叶子不适于用来制茶。至于茶树的花嘛，其花瓣相对来说就要小一些了，尤其是它的花瓣相对于花蕊的比例要比油茶小得多，结的果实也很小。有人会误以为茶籽油就是用来做茶叶的茶树结的种子榨的油。茶树的种子确实也可以用来榨油，但是产量极低，一般都是面向高端市场。

天鹅洲荻笋

中文名：南荻

英文名：Amur silvergrass

拉丁名：*Triarrhena lutarioriparia* L.Liu

科名：禾本科 Gramineae

属名：荻属 *Triarrhena*

别名：亮荻、大茅根、江荻、红毛公、荻芦、荻草、野狍子草、红眼疤、巴茅根、大白穗草、巴茅、岗柴、红柴、红刚柴、红刚芦、卷毛红、狍羔子草、野苇子、山苇子、假苇子

南荻花（摄影：陶旭东）

主要特征

南荻为多年生高大竹状草本，具十分发达的根状茎。茎秆可高达 5.5~7.5 米，直立，深绿色或带紫色至褐色，有光泽，常被有蜡粉，茎基部最粗，往上逐渐变细，可有 42~47 个节，节间膨大、隆起，有些茎秆上部着生分枝。叶鞘淡绿无毛，叶片带状，边缘微粗糙，中脉粗壮，白色，基部较宽。圆锥花序，大型，长 30~40 厘米，淡紫色，稠密。颖果黑褐色，较小。

主要利用价值

荻笋富含人体所必需的多种氨基酸、微量元素及纤维素等营养成分，具有排除油腻、清胃通肠、瘦身美容等保健功效。其口感细腻、肉质鲜美、久煮不烂、脆嫩可口、风味独特，备受人们的青睐，成为宴请宾客、馈赠亲友的佳品。

起源地

南荻是我国的特有种。

荻笋为什么叫笋？

荻属植物在我国有荻和南荻两种，天鹅洲的荻笋是南荻的“笋”。

南荻的芽和幼苗阶段是在冬春季陆地环境下度过的，根状茎在地下越冬繁衍。春季根状茎上的芽穿出土面，迅速生长，快的时候可以达到每天6~8厘米，与竹笋有很大的相似之处，这应该也是荻笋名字的由来吧。荻笋采摘回来后，先剥去笋衣，留下笋芯，刚剥出来的笋芯幼嫩浅绿，散发着自然的清香。将笋芯煮沸焯水，就可去掉涩味，吃起来便只剩下满口的鲜香。王安石在《后元丰行》一诗中称赞：“鲥鱼出网蔽洲渚，荻笋肥甘胜牛乳。”欧阳修也在《离峡州后回寄元珍表臣》诗中写道：“荻笋时鱼方有味，恨无佳客共杯盘。”

天鹅洲南荻的生长环境基本未受到现代工业和人类活动的污染，生长过程更未使用农药、化肥及植物生长调节剂，并富含人体所必需的多种氨基酸、微量元素及纤维素等营养成分，具有排除油腻、清胃通肠、瘦身美容等保健功效。其口感细腻、肉质鲜美、久煮不烂、脆嫩可口、风味独特，备受人们的青睐。也因此被列为国家地理标志产品。

是荻还是苇？

最容易和荻属植物搞混的应该是芦苇了。在武汉市长江二桥附近的汉口江滩，有一处著名的“芦苇荡”，反正身边很多朋友都是这么叫的。可是在“芦苇荡”的入口处，非常认真地竖着一块石头，

天鹅洲荻笋（摄影：陶旭东）

上面写着四个字“荻海絮语”，很明确地说了，这个地方种的就是“荻”，不过是南荻。这里每年到了秋季，就成了武汉人拍照秀朋友圈的打卡点。

南荻的命名者是中科院植物所的刘亮教授，所以大家在它的拉丁名中可以看到 L.Liu 字样。在此之前的很长一段时间，人们都将南荻和芦苇混为一谈。芦苇的拉丁名是*Phragmites australis*，是芦苇属植物，两者差异巨大。芦苇一般生长在水中或水边及沼泽地，所以常有芦苇荡之称；而南荻则生长在水边及低山坡，水陆两生。芦苇的茎是中空的，颜色浅；南荻的茎是实心，硬且细，颜色深。芦苇叶片是宽大的披针形，互生，边缘不锋利；而南荻的叶片狭长成带状，边缘极其锋利。芦花颜色雪白，荻花则是淡紫色。两者都可以用来造纸，作为建材原料。芦苇的根部还可入药，有利尿、解毒、清凉、

汉口江滩的荻海絮语（摄影：汪波）

芦苇

南荻（摄影：陶旭东）

镇呕、防脑炎等功能。两种植物还有重要的生态价值：大面积的芦苇和南荻可以调节气候，涵养水源，形成良好的湿地生态环境，为鸟类提供栖息、觅食、繁殖的家园。

能造纸，还能提供能源

南荻绝对是开挂型的高能选手，嫩茎用来作为荻笋食用，而它更强大的功能是被用来替代木材造纸。相比较木材而言，南荻不仅生物量大，而且也是多年生，收掉地上部分后，只要稍加管理，第二年仍会产量很高。据统计，南荻年亩产净秆可达 2 吨（最高 2740 公斤），能生产出 1 吨纸张，是单位面积内提供造纸纤维原料最多的植物，超过了常见的松、杨、竹、麻、棉和芦苇等。

荻属和芒属的植物近年来是炙手可热的能源植物，既可以直接提供燃料，又能用来生产乙醇（酒精）。在这些植物中，南荻植株是最为高大的。南荻的根状茎强壮，容易扩散繁殖，植株散生，分蘖也多，而且生长迅速，植物纤维长且品质良好。最重要的是南荻在成熟时，植株完全干枯，叶片脱落，十分利于储存以及运输，可直接作为提供能源的燃料。如今，包括美国在内的很多发达国家在芒属和荻属植物纤维转化为燃料乙醇方面正大力开展研究，已经往产业化应用上迈出了重要的步伐。我国这些年也加大了这方面的科技投入，如何很好地利用我国独有的南荻资源，将它们转变为清洁能源，也是摆在科学家面前的一道考题。

与大自然共节律

前面谈到，南荻水陆两生。长在江边滩涂的南荻，却是充分利用自然节律的行家。入春时节，江水还未涨起，南荻出土以后，迅速生长，此时也是采摘荻笋的最佳时节。进入 4–5 月，是南荻生长的旺季，每天可以长好几个公分长。到 6 月中旬左右洪峰到来时，江水不断上涨，南荻已长到 2~3 米高，完全由陆生变为水生。它直直挺立在水中，听任水流冲击。露出水面的茎节逐渐产生分枝，长出繁茂而宽大的叶片。由于南荻和玉米一样，可以高效利用光能，七八月正好利用了最优越的水、热和光照条件，充分发挥出生长量大的潜力。到了 9 月，秆高可达 6 米左右。进入秋季，雨水逐渐减少，江水逐渐退去，慢慢南荻会全部露出来，直至枯死，再次被人类利用。南荻的整个一生与时节是如此的合拍，应和着大自然的节律，完成一生的使命。因此，历来被认为难以利用又无法控制的洪水泛滥区和滩涂区域，如今不需要耗资改造环境，只需要利用南荻的适应本领，就可以获得高额的生物学产量。

天鹅洲自然保护区

天鹅洲位于石首市长江北部，江汉平原南缘。天鹅洲地处长江中下游下荆江河段，由于长江裁弯取直，形成长江故道群湿地，其中，天鹅洲长江故道洲滩纵横，生态环境原始，地形地貌独特。这里曾经下辖两个自然保护区：一个是天鹅洲白鳖豚国家级自然保护区，一

江边的南荻应和着时节（摄影：陶旭东）

个是石首麋鹿国家级自然保护区。对于我这一代人而言，曾经在电视新闻中见到白鱀豚的身影时，已经是在不停呼吁大家要保护它了。白鱀豚淇淇是那个年代电视上的明星——因为它是世界上唯一一只人工饲养成功的白鱀豚。2002 年 7 月 14 日，“淇淇”在武汉去世。2007 年，白鱀豚被宣布为“功能性灭绝”。尽管此后的几年陆续有疑似看到白鱀豚的报道，但是都无法得到证实。我认识的陶旭东老师，曾经在中科院水生所白鱀豚馆亲眼见过淇淇，那天陶老师带领我们去参观时，我还记得他见到淇淇的标本时无比惋惜的表情。如今，长江江豚的数量锐减，一如 20 世纪 50 年代对白鱀豚的报道，江豚现在也住进了天鹅洲，许多的政府和民间组织都在为保护江豚而奔走。希望它不要步白鱀豚的后尘，让我们能“留住长江的微笑”。

咸宁桂花

中文名：桂花

英文名：osmanthus flowers

拉丁名：*Osmanthus fragrans* (Thunb.) Lour.

科名：木犀科 Oleaceae

属名：木犀属 *Osmanthus*

桂花（摄影：汪波）

主要特征

桂花是常绿乔木或灌木，高3~5米，最高可达18米，树皮灰褐色，小枝黄褐色，无毛。叶片革质，椭圆形、长椭圆形或椭圆状披针形，对生，经冬不凋。聚伞花序生于叶腋，近扫帚状，花冠合瓣四裂，形小，花极芳香，有黄白色、淡黄色、黄色或橘红色等。果实歪斜，椭圆形，成熟时为紫黑色。

主要利用价值

桂花可用来提取芳香油，制桂花浸膏，可用于食品、化妆品，可制糕点、糖果，并可酿酒。可以花、果实及根入药。秋季采花，春季采果，四季采根，分别晒干，功效不同。桂花还可以用来酿酒，汉代时，桂花酒就是人们用来敬神祭祖的佳品。桂花晒干后可以较长时间保存，可以直接拿来泡茶或者加入茶水中。另外还可以制成糖桂花。

起源地

原产中国西南部喜马拉雅山东段，印度、尼泊尔也有。

不敢写的桂花

每年中秋节前后，校园里的空气就会变得甜美无比。漫步校园，总会有阵阵或浓或淡的香气袭击你的鼻腔，会让人忍不住四处张望与寻找，直到发现一丛丛金黄色的花朵点缀在绿叶间，不张扬，不造作，但你却无法忽视它们。李清照赞叹桂花“何须浅碧深红色，自是花中第一流”，想必也是这样的感受。工作再怎么疲惫，只要出门沉醉在这样香甜的气息中，一下子就扫去了倦怠。这是我一年中最惬意的时节。

可是，就像前面提到的荷花一样，已经有太多关于桂花的描写了，感觉任何的文字再去写它都会显得多余。

丹桂飘香？

很多时候，你稍加留意就会发现，中秋节前后的发言稿中，十之八九会出现“丹桂飘香”这样的语言，用来感叹这个时节的美好。真的是丹桂飘香吗？

桂花其实是木犀科木犀属的代表植物，旧称木樨。桂花品种繁多，我们目前见到最多的分类应该是这个——丹桂、金桂、银桂和四季桂（也有称月月桂的，还有称月桂的，但是月桂其实是另外一种樟科植物，为了不混淆，这里就用四季桂了）。这个并不是植物学上的分类，而是园艺学家对桂花品种的分类，准确说这是 4 个品种群。在这 4 个品种群里面，金桂和银桂的香气上佳，丹桂颜色艳丽，

办公室门前的桂花树（摄影：汪波）

但是有一些品种香气比较淡。而四季桂只要条件合适就会开花，一年可以开花多次。如果一定要去区别这四种桂花，那么从颜色上最容易将丹桂区分开来。丹桂花为橙红色，金桂则为金黄色，而银桂为淡黄色，但是在不同环境种植时，还是难以将它们区分开来。还有人撰文说可以从叶片上加以区别，想想这个，我们还是不要深究，去享受桂花带来的香甜气息好了。

画龙点睛的桂花

桂花是我国十大名贵花木之一。桂花不仅仅是花香袭人，它的

丹桂（摄影：傅强）　　银桂（摄影：傅强）

金桂（摄影：傅强）

树冠叶多量大，四季常青，在冬季可以发挥净化空气的作用。而且桂花树冠优美，长势均衡，不用花费大量人力修剪，因此在园林和街道绿化中被广泛应用。不过因为分枝高度等问题，在主干道上，我们很少见到桂花树。但是，只要在植物的搭配中加上几株桂花，秋天到了，就会变得生动起来。我倒是觉得，用桂花就是为了装点秋天吧。

桂花可以用来提取香精油，是制造香水、香皂、化妆品的原料，也可以提取桂花香精、桂花露作为食品香料。但一般不用来直接吃，因为直接吃反而有涩味。但若是在食物或者饮品里加上一点，立马就提升了一个档次。最容易 DIY 的方式就是将桂花晾干储存，在泡茶的时候撒上一点，立刻会唇齿留香。注意，是晾干，不是晒干，如果直接用太阳晒，就暴殄天物了。当然，桂花茶的更高阶形式是将茶叶和桂花一起窨制而成，是相对复杂的工艺。还有一种 DIY 方式，是将采收并清洗干净的新鲜桂花和白糖一起腌制成糖桂花。糖桂花的用途就太多了，在米酒汤圆中撒上一点，或者点缀在糯米藕中，再或者加到制作的糕点中，总能产生神奇的效果。

咸宁桂花

桂花在湖北省各地均可以种植，但最有名的还是咸宁桂花。咸宁桂花以花多、花密、朵大、瓣厚、色鲜、香浓闻名全国。

咸宁桂花栽培历史悠久，距今已有千年，是我国最重要的桂花产区之一。据统计，全市有桂花 150 多万棵。而且在咸宁境内，还有很多地方可以见到树龄数百年以上的桂花树。根据相关调查，在全国 2200 株古桂树中，咸宁就有 2000 多株，占 90% 以上。其中，树龄 200~500 年的 1250 株，500 年以上的古桂 150 株。最高寿的一棵桂花树如今有 600 多岁，树高 29 米，树冠占地 154 平方米，最大分枝直径 48.7 厘米，如今依然可以“高产”桂花。咸宁市的桂花镇，百年以上树龄的桂花树达到 1400 多棵，古桂成林，是秋日旅行的绝佳去处。如果不是因为战争期间的破坏和人为砍毁，会有更多的高龄桂花得以保存。

目前桂花的收获主要还是靠人工。桂花开放时节，在地面铺上一块盛接的布单，然后用竹竿轻轻敲打或摇晃树枝，芬芳的花朵便会纷纷落下。这带着馥郁香气的“桂花雨”，如今也成了“卖点”，打下来的桂花带回家，做成各式食材，又是另一番风味。不过，在打桂花的时候一定要小心不要折损了枝条，否则就有失分寸了。爱惜自然的馈赠，并不是件困难的事情。

赤壁青砖茶

中文名：茶

英文名：tea

拉丁名：*Camellia sinensis* (L.) O. Ktze.

科名：山茶科 Theaceae

属名：山茶属 *Camellia*

茶叶（摄影：汪波）

主要特征

茶树为灌木或小乔木，高 1~6 米。单叶互生，薄革质，椭圆状披针形至倒卵形。叶边缘具锯齿，叶面光滑无毛，背面有时有毛，叶脉明显。花通常单生或 1~2 朵腋生，白色，花梗向下弯曲，蒴果球形，种子棕褐色。

主要利用价值

当然是做成茶叶了。另外，茶树的种子可榨油（区别于油茶），茶树材质细密，可用于雕刻。

起源地及分布

中国是最早发现和利用茶树的国家，被称为茶的祖国，文字记载表明，我们祖先在 3000 多年前已经开始栽培和利用茶树，后传播至世界各地。

赤壁青砖茶

砖茶，顾名思义，就是外形像砖一样的茶叶。一般是用毛茶经过筛、扇、切等工序，制成半成品，再经高温蒸汽压成砖形的茶块。

砖茶根据原料和制作工艺的不同，可以分为黑砖茶、花砖茶、茯砖茶、米砖茶、青砖茶、康砖茶等几种。

因为工作的原因，我需要经常去赤壁。几乎每次见到李新华同志时，他都会一边为我们煮制青砖茶，一边向我们细数赤壁青砖茶的种种好处。他说得最多的一个例子，就是某大学曾经做了实验，将不同年份的砖茶做了对比，发现年份较久远的青砖茶能让得了脂肪肝的小白鼠成功瘦身，治好小白鼠的脂肪肝。尽管这个实验还未发表，但是从一个侧面说明了青砖茶的功效。也正是因为这个特点，砖茶才远销中国新疆、蒙古、西伯利亚及欧洲这些以肉食为主的地区。

不过，青砖茶喝起来不是特别方便，因为压制成青砖后，需要有专用的器具才能把茶叶掰下来，用手去掰会非常吃力，而且容易将掰下来的茶叶弄得粉碎。而且青砖茶最好是煮制，这真正使得饮

羊楼洞青砖茶

茶园（摄影：汪波）

绘图：洪勇辉

茶变成了慢生活的方式。

赤壁青砖茶最有名的当属羊楼洞青砖茶。羊楼洞产茶的历史长达 2000 多年，远在盛唐，赤壁就被朝廷辟为“园户”，宋元之时被定为“傕茶”之地。羊楼洞砖茶历史悠久，从青砖茶的前身帽盒茶算起，源于唐，盛于明清，全世界公认羊楼洞是青砖茶的发源地。在明清两朝，赤壁羊楼洞凭茶一跃为国际名镇，俗称“小汉口”，赤壁也成为“茶马古道”的三大源头之一。清朝乾隆年间“三玉川”和“巨盛川”两茶庄在其生产的砖茶上特别压制了代表羊楼洞三口泉水的“川”字为产品标牌，在草原牧民中信誉最著。

羊楼洞青砖茶经历了从团饼茶到帽盒茶，再从帽盒茶到青砖茶的过程，每一次制茶工艺的改良，无不展现了先祖的勤勉与智慧。古人最开始饮茶，并不加工，而是以鲜叶泡水或者煮汤。三国时开始有饼茶出现，至唐朝工艺成熟，经“采、蒸、捣、拍、焙、穿、封”七道工序制作成团饼茶。团饼茶在宋朝以前，一直是茶叶的主要加工方式，直到人们认为这样加工会损害茶叶香气，后来才逐渐被散叶茶替代，我们现在所喝的茶叶主要是散叶茶。在这一次替代的过程中，羊楼洞另辟蹊径，改良了团饼茶的制作工艺，将团饼茶制作成了帽盒茶，更加便于储存和长途运输。而后又进一步改良工艺，制作成了体积更小的青砖茶，彻底稳固了羊楼洞在茶叶行业里的江湖地位。

茶马古道

“茶马古道”这个最早由云南大学教师木霁弘在20世纪80年代提出的概念如今已广为流传，它具体是指存在于中国西北和西南地区的民间国际商贸通道，是中国边疆地区民族间经济文化交流的走廊。茶马古道起源于古代西北边疆和西南边疆的茶马互市，唐宋时期兴起，明清之际发展繁荣，“二战”中后期达到极盛。茶马古道主要线路有川藏、滇藏、陕甘3条。如今，茶马古道不仅是一个特别的地域称谓，也是一条拥有壮丽自然风光与神秘文化的旅游绝品线路，它承载着丰富的文化遗产。今天，还有学者根据这些说法，提出了与“丝绸之路”相对应的“茶叶之路”，也深刻表明了茶叶在我国古代发挥的重要作用。

羊楼洞砖茶运销路线以羊楼洞为起点，终点包括中国新疆、蒙古、俄罗斯及欧洲等地。羊楼洞茶叶种植历史悠久，茶叶经济起步却比较晚，到唐朝才初现端倪，进入边销行列；到宋朝时形成茶叶集散地，又因紧临长江方便运输，以羊楼洞为起点的运茶线路才应运而生，远销边疆少数民族地区。至清朝时，羊楼洞砖茶制作技术已经成熟，羊楼洞砖茶经过长途运输大量销往蒙古地区，并由蒙古为中枢进入了沙俄、中亚、西亚市场。